顶级摄影器材

不可能让一张差照片变成好照片，

但可以将一张佳作提升为绝佳之作。

影像让世界更美好
www.aisheying.com

—顶级摄影器材系列—EOS王朝—佳能镜界

佳能镜界
EOS LENSES

赵 嘉 著
By Zhao Jia

中国摄影出版社
China Photographic Publishing House

说明1：关于镜头规格的表述差异

由于传统标识的差异，镜头规格的标识有细微的差别。因此，在本书中，多数镜头规格的标识是按照佳能公司官方标准的方式，少数地方使用了简化的镜头标识方式。

细心的读者可能会发现它们和欧洲摄影器材厂家采用的标识有细微的差别，而在其他图书和网络上也会常常看到按照习惯或者约定俗成方式对镜头的简化标注方式。对此，有一定经验的摄影者可能已经很习惯了，比如：

EF135mm f/2L USM有些时候会被标注成EF135mm F/2L USM，简化标注方式通常为 EF135mm/2L USM、EF135mm/2L、135mm/2L、135/2L，甚至最简单的就是 135L。

本书在介绍镜头正文使用了标准的镜头标识方式，但是在花絮中，为了增加读者阅读的速度，在不影响表述准确性的前提下多数使用的是镜头的简化标注方式。

说明2：本书对EOS器材的评价体系的建立

对于任何一种摄影器材的评价有两个最基本的基础，一个是建立在实验室数据评测的基础上的，另一个建立于在实际拍摄的结果。

其中相对于机身来说，镜头的评价则更趋于困难。目前公认MTF曲线可以基本表现出镜头的优劣和特性，所以本书绝大多数镜头都附带了MTF曲线供大家参考，但是我需要指出两点：

1. 本书使用的MTF曲线是由生产厂家提供的，适用于新镜头，而一支镜头实际的 MTF 曲线会随着镜头使用的时间而变差；

2. MTF 曲线不能看出镜头的色彩表现、变形和暗角情况，所以相关的内容在文字部分会有补充。

在准备本书的过程中，我们实际测试了能够搜集到的几乎所有的 EOS 器材。

目前来讲，拍摄标版来分析镜头依然是低成本获得镜头部分数据的最可行的方式。我们也采用了这种方式采取了大部分EOS 镜头的分辨率、变形、暗角情况的数据。但是我们在这本书中并没有公布一些显得更"权威"的测试表格之类的东西，除了版式上的美学考虑以外，也因为实际上我们不可能找到同一批出厂的镜头用来测试。而镜头的质量会随着使用降低，我担心这样获得的数据其实离散性相当高，很难令读者信服。因此我们只是用测试得到的数据和厂方提供的数据互为印证，作为参考补充。

本书中使用了一些类似"光学质量最顶尖"、"全球无敌手"

的评价语句，严谨的定义一下，它所指的是目前已知的"非军用、进行商业化生产的35毫米单镜头反光相机及镜头"。而不能包括一些订制的、军用、航空航天使用、在工业和制造业中使用、电影摄影器材改装以及不同画幅的照相机及镜头。

对于第二个评价体系的基础，即EOS在实际拍摄中的结果的评价，大家可以从本书的插图中获得更多的印象，这里就不赘述了。

至于EOS系列和其他品牌摄影器材之间横向比较，推荐大家参考本系列丛书中的第一册《顶级摄影器材》（中国摄影出版社出版）中的内容，会对其产品的水准、地位有更立体的认识。

说明3：MTF曲线的解读

本书提供了很多佳能镜头的MTF曲线，MTF曲线是衡量镜头光学质量的重要手段。在这里简单地谈一下如何快捷地看懂MTF曲线。MTF曲线是一个二维图表，是模量传递函数的图表化，可以形象地反映出镜头的反差、分辨率、焦外成像和部分像差，可以说是目前评价一个镜头清晰度最为综合、精确的方法。实际上MTF曲线也是有局限的，后面会具体说明。

在介绍如何读MTF曲线之前先要弄明白几个小问题。

分辨率。分辨率又叫做解像力，是指镜头清晰地再现被摄景物细节的能力。镜头的分辨率越高，所拍摄的影像越清晰、细腻。其单位是线对/毫米（lp/mm）。分辨率和反差是摄影镜头的两大重要指标。

反差。反差又叫做明锐度，是镜头鲜明地再现摄景物亮部、中灰、暗部层次，影纹细节，亮度对比的能力。反差高的镜头，成像轮廓鲜明、边缘锐利、影调明朗如同刀削斧劈；反差低的镜头成像边缘和轮廓比较"肉"，反映明暗对比的能力差。

径向和切向。测试中像场内的分辨率标板或光栅中的黑白线条，应按两个主要方向放置，这两个方向是检验光学成像系统的法定方向。也就是径向和切向两种，径向就是平行于镜头成像圈半径方向上的线条，切向就是平行于镜头成像圈切线方向上的线条。在同一空间频率的曲线上，径向和切向两根曲线越接近，镜头的焦外成像就越柔和。两根曲线越远，表明其像差越大。

空间频率。空间频率的单位是"线对/毫米(lp/mm)"。5-10 lp/mm的曲线反映的是镜头的反差表现，10-40 lp/mm的曲线反映的是镜头的分辨率。

基本方法原理

MTF测试使用的是黑白逐渐过渡的线条标板，通过镜头进行投影，所测量的是影像的还原情况。如果所得的影像和测试标板完全一样，那么其MTF值为1（100%）——当然，这是"理论上的最佳镜头"，实际上是很难存在的；如果反差为原图的一半，则MTF值为0.5（50%）。数值为0代表反差完全丧失，黑白线条被还原为单一的灰色。对于胶片而言，MTF曲线测试的是某一镜头加上某种胶片的清晰度，而对于数字相机而言，测试的是某一镜头加上某种机身的清晰度。

最典型的MTF曲线以及其解读

最典型的MTF曲线，是以空间频率做横轴、以还原状况做竖轴的曲线。坐标图横轴从左至右，代表的是镜头成像像场圆心到边缘的半径位置。左边的0代表像场的中心，最右边是像场半径边缘（35mm胶片大概是21mm）；坐标图纵轴从下到上，从0到1（100%），代表成像达到所拍实物状况的百分比。每一条曲线只代表一种空间频率，实线一般代表径向曲线，虚线一般代表切向曲线。

由于MTF曲线表明的是一只镜头在某个焦距、某档光圈、无限远的清晰度，所以它只是一个"切片"。网络上一个比较普遍的标准参考自德国的《彩色摄影》杂志，是对一个优秀镜头在其最佳光圈下（从最大光圈缩小两档）成像的评价标准：

5 lp/mm曲线——整个横轴上，径向和切向同时>95%

10 lp/mm曲线——十分接近5 lp/mm的曲线

20 lp/mm曲线——中心（左侧）>0.8(80%)，边缘（右侧）>0.45(45%)

40 lp/mm曲线——中心（左侧）>0.65(65%)，边缘（右侧）>0.2(20%)

在大多数情况下，径向曲线的值会相对较高，切向曲线标准要低一些。好的镜头曲线比较"平直"——从中心到边缘成像质量下降得少些，径向和切向曲线的差异也小些。"理想镜头"的成像曲线应该是一条接近于1的高位置水平横线。所以，简单地看，一只镜头的综合光学素质可以用曲线与纵横两轴所围的线下面积的大小来确定。MTF曲线线下面积大的镜头，其光学质量一定好，因为它肯定反差和分辨率都高，或其中一项明显高。

实际上，普通镜头的MTF曲线规律是：

1. 普通镜头的 MTF 曲线是一条从最高点往右，逐渐下降或有曲折的曲线，表示镜头在中央成像最好，越往边缘越差。

2. 除了特殊的微距镜头以外，绝大多数镜头最大光圈和最小光圈的 MTF 曲线表现一定比最佳光圈的 MTF 曲线表现差。

3. 长焦镜头的 MTF 曲线表现通常比广角镜头的 MTF 曲线表现好。

例子——对比解读

我们可以以佳能 EF14mmL 镜头第一代、二代的 MTF 曲线对比看看其成像质量明显的改善。EF 14mm F2.8 L 是佳能在 1999 年推出的，EF 14mm F2.8 L II 是 2008 年 8 月推出的。从图上可以明显地看出，新款镜头UD镜片的使用使像场边缘的成像边缘质量有了很大提升，新款镜头还原率都在 35% 以上。反差也有了较大进步，10 lp/mm 时的径向分辨率全像场都在 98% 以上。30 lp/mm 时的中心径向分辨率达到了 90%，令人惊讶。与第一代镜头相比，新镜头各个空间频率上径向和切向曲线的差距有所减少，这意味着新镜头有着更好的像散控制和焦外成像效果。另外新镜头的场曲控制明显比老镜头强。

局限性

上边说过，MTF 曲线表明的是一只镜头在某个焦距、某档光圈、无限远的清晰度，所以如果要全面地评价一只镜头应该由很多条不同焦距、光圈、物距的 MTF 曲线来描绘，事实上，

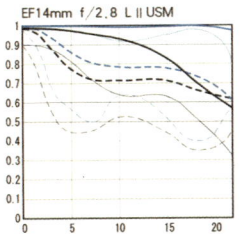 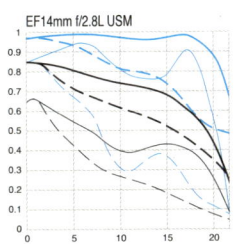

图注：在佳能公布的MTF曲线中，黑色和蓝色分别代表f2.8和f8时的曲线；粗线和细线分别代表 10 lp/mm 和 30 lp/mm 的空间频率；实线和虚线分别代表径向和切向的曲线。

任何曲线都是不全面的。而且，MTF 曲线只能表现镜头的分辨率、反差、球差、彗差、场曲等参数，但无法表现出镜头的色彩还原、畸变、眩光以及"味道"等方面的状况。

序言：尝试做一本环保的摄影书

2008年对于我们很多人的生活，或许都是复杂的一年。

年初的时候中国南部遇到了百年难遇的灾害天气，我的亲人生活在贵州西南部，那里是冰冻灾害最严重的地区之一，我们为他们担心了很久——停水停电、交通阻隔。

5月中的时候，我刚刚结束欧洲的愉快假期，回国第二天的下午，在中国摄影出版社的编辑部里，在盯着电脑和编辑们商量新书的事情，突然一阵眩晕感袭来，很快，我们知道了四川发生了汶川大地震。我在北京也有如此强烈的震感。而在地震的第三天，我就应部队的要求飞去震中汶川县映秀镇参与救援。映秀是川藏公路上一个美丽的小镇，地震前半年里我刚刚两次路过这里去川西藏区。虽然过去有一些参与灾害救援的经验，但是在当地目睹了大自然愤怒后的惨烈景象依然震撼着我，个体在自然灾害前的确是太渺小和无奈了。对于这一灾难，有人归结于各种原因，有人归咎于附近修建的大坝，也有人出来驳斥。

10月底，我又一次沿着川藏线去拉萨去看同事和朋友，这时候本来是川藏线上最美的季节，但是一场大雪打乱了这一切，随即得知这又是一场百年难遇的灾害天气，重灾区是川藏公路沿线以及山南地区。这次的罪魁祸首又是全球变暖、气候异常等等等等，青藏高原亦不能幸免……

唉，连我这样普通人都在想，我们的地球是怎么了？这些问题和我们正在做的事情有关联吗？

秋天的时候和同事们在讨论人和自然关系的问题，也顺便讨论了作为摄影从业人士我们可以做什么，毕竟我们不可能每个人都像奚志农那样身体力行地去做自然摄影师。

结果我们想到了使用更环保的方式印刷摄影图书的可能，其实每一本精美的图书的背后都意味着可能需要有一片树木的倒下（当然，最不幸的事情应该算印刷的书卖不出去，这大概是最不环保的方式了）。现在全球已经有很多法规和技术可以保证部分制造纸浆的森林是处在可持续发展的状态下，我们也期望能在尽可能的条件下做更环保的印刷方式。比如使用再生纸以及尽量环保的印刷工艺以及装帧工艺。使用环保工艺印书的主要问题是质量和成本问题——大家知道常规的再生纸的质量是不适合印刷图片的，而用高档的再生纸印刷的成本可能会比较高；而环保的油墨的效果和传统油墨也是有差异的。

最终我们想尝试用这个方式印一本《EOS王朝》的特别版本。选择它有两个原因，一是《EOS王朝》在2008年初上市之后得到佳能爱好者们肯定的程度是我完全没有想到的；二来，佳能公司一直是非常注重环保理念的企业，EF镜头很早就全部使用无铅玻璃来制造镜头，这也很符合他们的理念。

最终我选择把《EOS王朝》里面镜头的部分抽出来，加以改编，重新出成一本讲镜头的书。

这也是中国第一本全面使用环保方式印刷的摄影书。我们不太期望它会通过常规的图书销售市场能够获得常规印刷图书那样的成功，更多的还是希望借此来表达我们和所有读者认同"摄影者也在关注环境和地球问题并做出努力"这样一个立场。

《EOS王朝》里面已经有十几位摄影师的很好的作品，不过因为是环保版本，我们想使用更多讲述自然和环境的图片，因此我们通过色影无忌网和爱摄影网征集了更多的摄影者使用佳能相机拍摄的图片，在这里我也对他们的支持表示感谢。

出这样一本书的确需要一些勇气，因此我要特别感谢支持我做这本书的中国摄影出版社的萨社旗和陈凯辉两位老师们。

希望未来我们可以有更多环保方式印刷的图书出版，也希望能得到大家更多的支持。

赵嘉

2009 年 5 月 18 日

前言:《佳能镜界》的前世和今生

《佳能镜界》是"顶级摄影器材"系列中《EOS 王朝》的姊妹书。

我们当然很想提供一本供佳能的使用者尽可能了解佳能镜头知识的书,同时也为大家选择镜头提供准确的依据。但制作一本镜头书的难度实际远不仅于此。

幸亏《EOS 王朝》为此打下了良好的基础,它从开始准备到最终出版用了超过 2 年的时间。在此之前的 15 年,佳能相机一直被我应用在我的实际拍摄工作中,而 EF 镜头,从 14 毫米超广角到 600 毫米的长炮无一例外。虽然我在拍摄中总是尽量遵循至简原则,但是实际上选择使用何种镜头拍摄往往并不能由我来随意安排,而是由题材的决定,所以能把多数镜头用一遍会是一个漫长的过程。

摄影是关于影像的艺术,而并不是关于照相机的艺术。本书有幸使用了一些使用 EOS 相机的顶尖摄影师的优秀作品。

要格外提到的是,在他们的作品中,你可以看到很多优秀的图片并不是使用昂贵的镜头。毫无疑问,这些也是本书最有价值的内容,我要特别感谢他们。

饶舌一句,其实市场上讲佳能相机和镜头的书并不少,抛开资讯的丰富性不谈,多数我都觉得都只是讲了 MTF、暗角、分辨率这些技术问题,仿佛努力指导读者成为更精通器材知识的相机发烧友。当然,器材知识本身的确也颇有趣,如果潜心研究确实大有乐趣,但是如果你爱摄影超过爱器材,过于执着于此,或未必佳。所以我希望即便是一本介绍摄影器材的工具书,也应该尽可能帮助读者把器材的功能直接有效地转化为对实际拍摄的帮助。而摄影器材厂家在技术革新上不断前行,以求提供性能更加卓越、体积更加轻巧、操作更加便利的摄影器材,其实也是同样的目的。

另外,常规的器材书在配置的推荐上多数存在一个重要的误区,就是求"全",动辄就推荐摄影爱好者买三只 F/2.8 的 L 系列变焦镜头再加个闪光灯之类。也许背着一个堆满很少使用器材的硕大摄影包出门是每一个典型的器材发烧友必须要走的路,但是如果你的终极的目标是"影像",也就是说你买相机的目的是拍出好照片的话,记住,真正的好摄影者不是什么都要拍的,他们只拍他们有条件或者他们真正喜欢的东西,并且把它拍好,就已经是大师了。所以,根据不同的拍摄领域,其实你或许不需要覆盖领域那么广和那么多的器材。毕竟好的摄影器材很多,但并不是所有的好器材都适合你的使用,重要的是你要明白什么是你需要的拍摄方向,你最好要先找到自己的"出发点",然后才能谈到选取适合你的顶级器材。

因此我还是希望"顶级摄影器材"系列图书的读者通过这本书对器材的选择和实际拍摄都有更多的帮助,比较容易从器材的桎梏中解脱出来。毕竟,从摄影的出发点来讲,考虑器材的问题越多,考虑摄影本身就越少。

这本书的出版和EOS的生产者佳能公司无关,我当然也不希望读者误以为这本书是佳能的"软宣",所以一直力求在书中采用中立的立场角度来看待EOS产品。因此这期间我们的团队通过各种渠道借用并测试了几乎全线的EOS产品,以争取本书提供的资讯和观点足够令人信服,里面的内容在成书前也曾请不少职业摄影师和器材专家过目,对于他们提出不同看法的地方我们会做更多的测试来求证。

最后,我依然认为,虽然结合了诸多方面的意见,但是重要的是,对于事物的评价未必只有一种看法,对于摄影器材,也一样。这本书里的观点肯定不会适合每一个人,不过好在它提供了不少有用的资讯,如果真的可以帮助你在了解EOS的基础上拍出更好的照片,或者能找到更适合你的摄影器材,甚至藉此佐证了你对于器材的不同观点,这都是很好的事情。

器材之道,虽然有趣,但终究需要大量投入,而我的时间精力都有限,更受知识和能力的影响,书中难免有不少疏漏和错误。也请读者发现后不吝予以指教。

如有问题,欢迎大家到以下网址交流:www.aisheying.com 或和我本人联系:zhaojia@263.net

赵嘉

2009年5月18日

We make it visible.

此图片使用蔡司 Planar T* 1.4/50 mm ZE 镜头拍摄

要 追 求 完 美　　别 无 它 选

Planar T* 1.4/50 mm
ZE / ZF / ZK
中　焦　镜　头

德国蔡司镜头，集光学和技术于一身，每支镜头都能够准确地将整个光谱范围内的颜色一一重现，影像质数无与伦比。

为配合更多数码及胶卷相机使用，现有 ZE 佳能接环，ZF 尼康接环，ZK 宾得和 ZM 徕卡接环接环可供选择。另外两款机身包括超广角镜机身和标准镜机身，集经典和崭新设计于一身，分别有银色和黑色机身选择。

如欲索取更多资料，请往下列特约经销商查询，或登入蔡司网站 www.zeiss.com

北京今日汇丰	(010) 8811 9726	北京卓美	(010) 6334 3117	北京丰益	(010) 6342 5935	北京雅奇昕荟	(010) 8812 4532
广州高坚	(020) 8738 5613	深圳南艺	(0755) 8220 8111	景明影像	(010) 6339 1618	北京天时捷	(010) 6334 4556
上海高坚	(021) 5301 9732						

（以上排名，不分先后）

中国（国内及港澳）总代理：
石利洛（香港）有限公司
香港　(852) 2524 5031
北京　(010) 8580 1923 至 1926 (4条线)
上海　(021) 6418 9688
广州　(020) 8384 8300・8384 8607

www.shriro.com.hk

目录 Contents

EF系列定焦镜头

- EF 15mm f/2.8 鱼眼 6
- 14 毫米镜头 10
- 20 毫米 16
- 24 毫米镜头 20
- 28 毫米镜头 26
- 35 毫米镜头 30
- 50 毫米标准镜头 37
- 85 毫米中长焦镜头 46
- 100 毫米中焦镜头 53
- 柔焦镜头 54
- 135 毫米中焦镜头 58
- 200 毫米镜头 61
- 300 毫米镜头 67
- 400 毫米镜头 74
- 400 毫米 DO 镜头 82
- 500 毫米镜头 86
- 600 毫米镜头 90
- 800 毫米镜头 92
- 1200 毫米镜头 96
- 微距镜头 103
- 50 毫米微距镜头 106
- 显微摄影镜头 108
- 100 毫米微距镜头 110
- 180 毫米微距镜头 113
- 移轴镜头 117
- TS-E 镜头的强大表现力 120
- 增距镜 126

目录 Contents

02

EF 系列变焦镜头

变焦镜头 133
超广角变焦镜头 134
超广角变焦镜头 146
标准变焦镜头 150
标准变焦镜头 156
EF24-85mm f/3.5-4.5 USM 164
轻便型标准变焦镜头 164
EF24-85mm f/3.5-4.5 USE 164
EF28-80mm f/3.5-5.6 II 164
EF35-80mm f/4-5.6 III 164
EF28-90mm f/4-5.6 II USM 166
EF28-90mm f/4-5.6 II / EF28-90mm f/4-5.6 III 166
28-105 毫米标准变焦镜头 168
28-135mm f/28-200mm 变焦镜头 171
EF28-300mm f/3.5-5.6L IS USM 175
70-200 毫米变焦镜头 178
300 毫米变焦镜头 191
EF100-400mm f/4.5-5.6L IS USM 197

03

EF-S 系列镜头

EF-S 镜头 206
附录 227

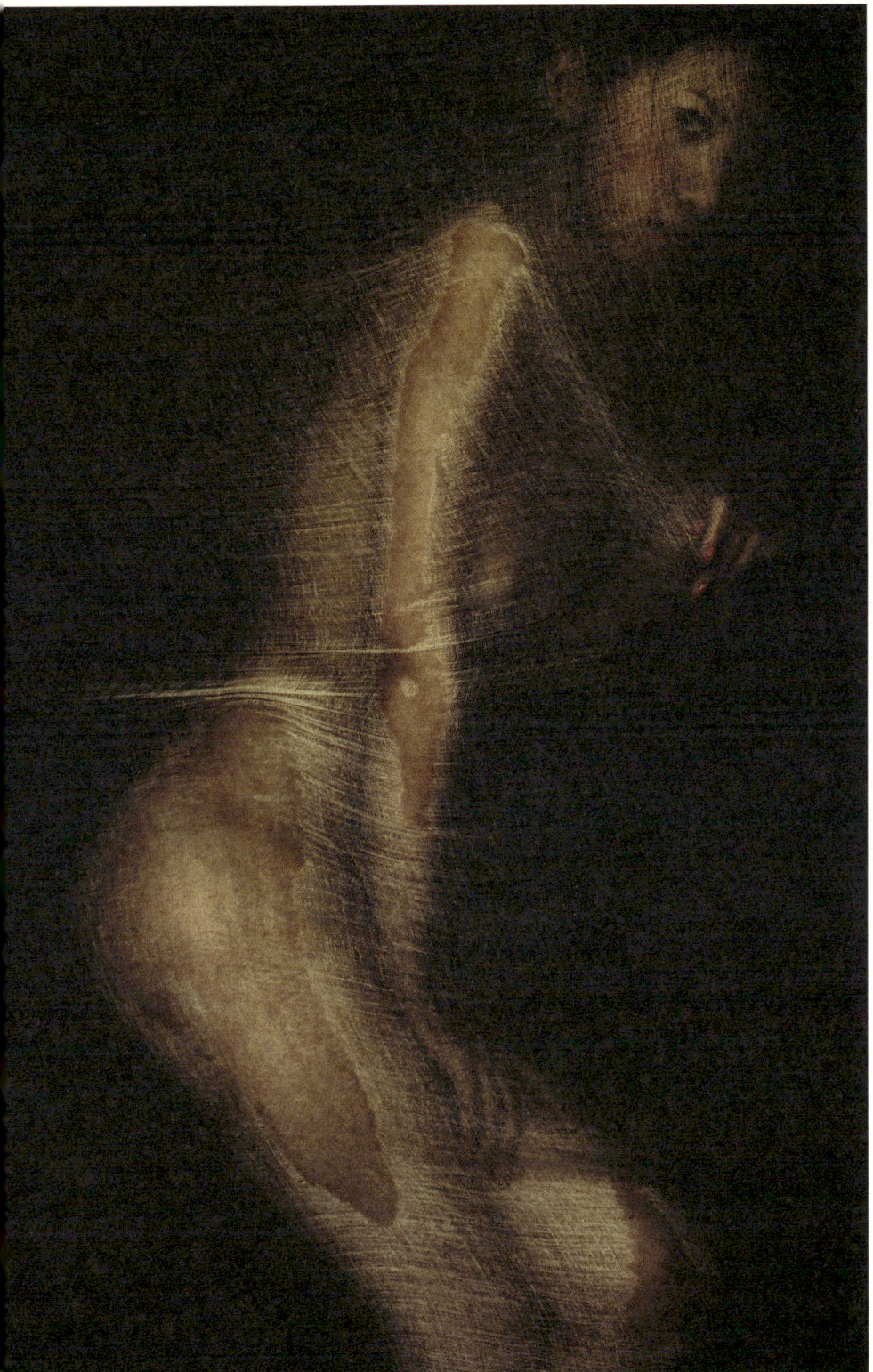

前页图片作者：（依图片次序）

傅兴、王瑶、王建军、谢墨、翟东风、毕远月、王实、刘展耘、闻晓阳、李少白、赵钢、奚志农、赵嘉。

EF 系列镜头

佳能的EF镜头巩固了EOS的优势地位,正是EOS机身之良配。每一支EF镜头都提供了和价格匹配的光学素质。它们对焦迅捷、安静、画质优良。

而L系列镜头存在不停地挑战镜头设计和制造技术上的极限,其中不仅拥有一些世界上最大光圈的AF镜头,而且性能格外可靠耐用,能够和职业摄影师一同面对一切困难的拍摄条件。基本上每一支都有些可以说道的东西。

EF 系列定焦镜头 一

定焦镜头是摄影者最早应该了解的镜头。

对于初学者来说，使用定焦镜头会更容易了解关于镜头焦段、视角、空间关系以及光圈之间的关系。

而对于有经验的摄影师来说，定焦镜头通常意味着更大的光圈、更好的色彩、更高的锐度和更完美的焦外成像效果。同时对于一些特殊的摄影领域，定焦镜头可以达到变焦镜头无法达到的拍摄效果，比如移轴镜头、微距镜头以及超长焦段镜头。

最近十几年随着变焦镜头成像质量的提高和成本的下降，摄影爱好者采购定焦镜头的比例在下降。但我依然强力推荐使用定焦镜头，特别是对于摄影爱好者来说，如果你想在影像质量和个人摄影风格上有更高的提升，赶紧去试用一段时间定焦镜头，收获会远远超过你付出的费用。

摄影：赵嘉，Photo by Zhao Jia
EOS-1N 机身，14mmf/2.8L 镜头，手动曝光，富士 RDP III 胶片
匈牙利

EF 15mm f/2.8 鱼眼

鱼眼镜头下令人惊奇的世界

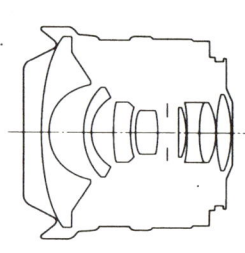

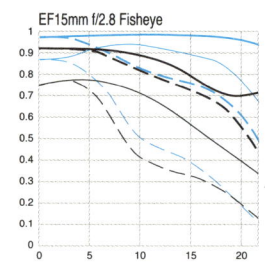

EF 15mm f/2.8 鱼眼光学结构：

焦距和最大光圈： 15mm, f/2.8
光学结构：8 片 7 组
对角线视角：180 度
调焦系统：线型马达自动对焦
最近调焦距离：0.2 米，0.14 倍放大率
滤镜口径：后置嵌入式凝胶滤镜插口
最大直径×长度：73 × 62.2（mm）
重量：330 克
（参考价格：5020 元）

　　由镜头焦距和相机画幅决定的能被拍摄到的景物角度即是相机镜头具有的视角。标准镜头（对 35 毫米胶片相机来说通常是 50 毫米，这也是 35 毫米胶片相机中画面对角线的距离）的视角是类似于人类眼睛的，大概 50 度。而 15 毫米鱼眼镜头视角达到了 180 度，也就是说在鱼眼镜头前的任何事物几乎都会被拍摄进画面。如果你端着相机，你上面的天空、下面的地面，还有从左到右的周围环境（甚至你不小心翘起的手指）都可以在取景器里看到，这些通常都是要通过转头才能看全的景象在鱼眼镜头里一览无遗。

　　这种镜头被称为鱼眼镜头，最早就是因为这是鱼在水中看外面世界的方式，鱼的眼睛视野很广阔其实是和光线在水中的折射相关的。

　　鱼眼镜头也有很多种，并不一定就是 180 度的。早期的鱼眼镜头效果非常不好，甚至需要摄影者把最终成像的一部分裁掉。后来随着镜头设计能力的提高，不仅成像质量有所提高，甚至还出现了超过 180 度视角的鱼眼镜头，历史上甚至有 8 毫米和 6 毫米的鱼眼镜头。不过，由于鱼眼镜头的使用率很低，多数厂家的鱼眼镜头都在 180 度视角以内。EF 系列的鱼眼镜头也是这样。

鱼眼镜头超越了人类视觉的界限，使视觉有了新的快乐感受，所以任何人使用它都可以得到十分"有趣"的照片，但是，鱼眼镜头的意义显然不止于此。

在极为狭窄的室内以及一些特殊的拍摄场合，鱼眼镜头往往可以大显身手，特别是用于科研目的的拍摄。使用鱼眼镜头的人士也包括天文学家——别以为他们只用长长的天文望远镜——鱼眼镜头在对全天空记录的时候特别有用，比如记录流星雨的轨迹之类。

许多摄影师使用它拍出了令人难忘的作品，不少资深的时尚摄影师和体育摄影师都喜欢用它拍摄很个性的图片。

由于鱼眼镜头将180度视角内的所有内容容纳在长方形（比如24mm × 36mm的画幅）或者正方形（比如6cm × 6cm的中画幅相机）的胶片或感光元件上，所以照片的边缘部分会有很大程度的畸变。而且几乎所有经过照片中心以外的直线都会变为曲线。

同时，它的超焦距的作用极强，画面中每一个事物都会得到清晰的展现。也使得在画面中心的物体看起来格外大，越靠近画面边缘的物体其变形扭曲就越厉害，会造成一种强烈的透视感，但是对于不了解鱼眼镜头效果的使用者和观赏者而言就会有一些异样的感觉。

当用鱼眼镜头的时候，永远要记住视觉冲击是很强烈的，这和其他摄影器材有很大的不同。的确，鱼眼镜头是最难使用的镜头之一，摄影者很容易沉溺于其特殊的视觉效果和镜头的冲击力上而忽略了艺术表现。摄影者永远要记住，你要试图驾驭器材而不要让器材驾驭你的想法。因此，不要无选择地总是刻意使用具有强烈视觉冲击力的镜头，被它左右你的拍摄方式和风格，而是要用自己的艺术和创作感觉去选择拍摄的题材和画面。很好地运用鱼眼镜头可以创造出独特表现力的作品，而使用鱼眼镜头拍摄的平庸的作品却也比比皆是。

同时要提醒的是，在一些特殊情况下鱼眼镜头也可以作为超广角镜头来用，因为这种镜头拍摄的画面中心部分的物体的线条是不会变形的，所以很多有经验的摄影者会利用这个特性把"不能"变形的主体放在中间，而不会产生明显变形感觉的部分安排在四角。

■ EF 15mm f/2.8 鱼眼镜头特性：

这款180度视角的鱼眼镜头可以创造超乎寻常的视觉效果。由于具有超级大的景深，有时候你会有种不知道焦点在哪里的惶恐感，甚至感觉手动调焦有点"困难"，但是这并不是真的很困难，其实在绝大多数情况下，自动对焦能够带来迅速而精确的对焦。而依靠它本身的超焦距性能在手动对焦下也可以轻易地得到清晰的照片。甚至当被拍摄物体离焦平面只有0.2米时，鱼眼镜头的特点也足以使它应付这种特殊的拍摄情况。

因为视角过广，EF 15mm f/2.8 鱼眼镜头不能使用前置的滤光片系统，而使用后置嵌入式的滤光镜。这样的问题是不能使用UV镜来保护镜头最前面一片，所以使用和收存的时候都要比别的镜头小心。

另外，由于设计上的难度以及成本的考虑，这支镜头的分辨率不能和其他EF的定焦镜头相比。当然，这通常也不是它的使用者所苛求的。

摄影：谢墨，Photo by Xie Mo
EOS 5D 机身，15mm 镜头，手动曝光，f/8 光圈，1/125 秒快门，ISO 200，
印度尼西亚，瓦卡多比，巨型海柏与潜水者

14毫米镜头
超现实的广阔世界

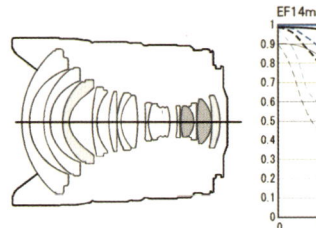
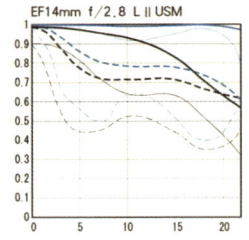

EF 14mm f/2.8 L II USM 光学结构：

焦距和最大光圈：14mm f/2.8
镜头结构：14片11组
对角线视角：114度
调焦系统：环形超声波马达，后组调焦系统，全时手动对焦
最近调焦距离：0.2米，0.15倍放大率
最大直径×长度：80 × 94.0（mm）
重量：645克
（参考价格：14400元）

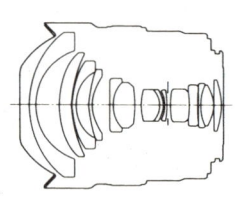
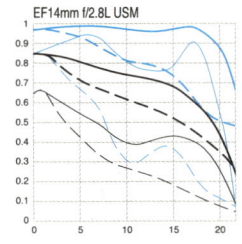

EF14mm f/2.8L USM 光学结构：

焦距和最大光圈：14mm f/2.8
光学结构：14片10组
对角线视角：114度
调焦系统：环形超声波马达，后组调焦系统，全时手动对焦
最近调焦距离：0.25米，0.1倍放大率
最大直径×长度：77 × 89（mm）
重量：560克
（已停产）

14毫米镜头具有非常广阔的视角,能够创造超越人眼视角范围的影像,从取景器望出去,你会发现里面全都是故事。14毫米超广焦距的镜头在35毫米相机规格下能拍出114度的视角。实际上它要超过你从汽车的挡风玻璃看出去一眼所能看到的所有东西,因此使用14毫米镜头拍摄的图片很容易有一种不真实的空间疏离感,摄影者要更小心通过取景的技巧对此加以控制。

这款广角镜头对于在你无法离得很远的情况下或者在狭小的空间里拍摄建筑最有利。它可以带来强烈的透视感,这种特性不仅仅可以体现在对风景大胆的表现中,在人物摄影中它也能制造出主体和背景强烈分离的感觉。不过,通常来讲,人物会有严重的变形,尤其是在距离镜头比较近的时候,不推荐你真地这么做。

这也是一只相当难驾驭的镜头,或许是EF镜头里最难用好的一个焦段,它的一切夸张的特性都在考验你的构图技巧以及对影像的把握。

使用这款镜头时,相机的角度对于最终拍摄的照片有着巨大的影响,很容易制造出富于动感的效果。水平端相机的时候,照片会显得比较自然,视觉变形的感觉最小。但一旦把相机稍微向下或向上倾斜就会产生鲜明的垂直线汇聚感。这些效果都可以运用到拍摄建筑物或艺术摄影中。

而在拍摄风景中,它的适用性存在相当的争议。一方面它很容易制造出宏大的场面效果,如果你试图在小景物中寻找"壮阔"的感觉,它会很容易令你满意。但是,问题在于,在真正"壮阔"的风景中,你会发现它的视角实在是太广了,你总是会被纳入取景器里的林林总总的东西干扰,不仅很难拍摄到干净的画面,你甚至很难找到一个足够高大的前景来丰富构图。

◉ EF 14mm f/2.8L II USM 特性

一支光学质量达到顶级的超级超广角镜头,除了具有很广阔的视角,可以用于特殊需要的狭窄场合以外,也适合一切充满创造力的使用者,尤其对于艺术摄影情有独钟的摄影者。EF 14mm/2.8 L II USM 的前一代是 EF 14mm/2.8 L USM,也是一支著名的镜头。它是35毫米AF相机里面第一支14毫米焦段的AF镜头。由于鱼眼镜头的变形特性使其使用领域受到相当大的限制,所以很多时候你也可以认为EF14mm f/2.8L USM是EF系列里最广的一支广角镜头。它完整了EF镜头群,并为佳能公司的镜头设计制造能力带来巨大的声誉。

EF14mm f/2.8L USM 刚刚上市时仅仅是以世界上最广的AF镜头著称,其他厂家并不以为然,直到这支镜头后来在数码时代由于CCD面积引起的镜头系数的问题而大受欢迎,才又有很多厂家跟进这个焦段。进而 EF14mm f/2.8L USM 优质的成像质量也越来越被摄影者注意到。

摄影：傅兴，Photo by Fu xing
EOS-1N 机身，14mm 镜头

摄影：谢墨，Photo by Xie Mo
EOS-1D Mark II 机身，14mm L 镜头，手动曝光，f/9 光圈，1/8 秒快门，ISO 100

这款高质量的超广角镜头具有高清晰、高锐度、低变形的特点，在L系列镜头里成像质量也是很突出的。第一组镜片中大直径的特殊研磨非球面镜片能够非常好地修正经常在建筑摄影里出现的线性畸变现象。通过后组对焦系统，色散问题能够得到额外的纠正，同时提高了近距离时的成像质量和高速自动对焦能力。作为一支14毫米的超广角镜头，它的变形控制非常好，即便在四个角上也有远远超过预期的表现。

与镜身一体的花瓣型遮光罩可以避免眩光，同时提高反差，并能够保护镜头的前端。这支镜头不仅使用超声波马达对焦，而且任何时候都可以进行手动对焦补正，而不需要切换对焦模式。这款镜头也可以在感光元件比35毫米胶片相机小的单反数码相机上作为超广角镜头使用，在爱好者常用的APS-C型数字感光元件的数码相机上——如40D、400D上——约相当于全画幅相机的22毫米超广角焦段。

另外要说到，很多人喜欢这支镜头独特的造型，镜头第一片呈现出巨大的球体，而整个镜头的体积不大，但是却非常压手。所以即便并不是很常用的焦段，但是它还是拥有不少购买者，而在二手市场上却很少出现。

在胶片时代用这支昂贵镜头的摄影师非常少，但是数码时代到来之后这支镜头遇到了前所未有的追捧，更多的人开始使用它，因而出现了更高的需求。

还有一点要着重指出，由于第一片镜头过于突出，你要格外小心眩光的存在，不仅仅是在拍摄日出日落的时候，太阳光线从侧逆方进入镜头的时候同样要小心——特别如果你使用的是数码相机，来自CMOS的反射光很容易增加眩光发生的机率，并且产生成像浑浊。

当然，问题并不这么简单，过去很多日本镜头的中心成像和四角成像存在巨大的差异。（额外说一句，六七十年代的德国镜头也有不少类似的风格，不过，德国镜头的最佳成像区间有时并不一定在中心部分，而且四角成像的衰落没有那么厉害，当然，这和德国镜头成本高也有关系。只要有了钱，谁还不能把镜头做好点啊！）如果只是分辨率问题，还不算太大问题，但是数码相机到了1600万像素以上，很显然14毫米镜头用在顶级的数码相机上没有胶片上那么"超级的"好，再加上CMOS成像原理的限制，镜头四角残留的色差、失光问题实际上被进一步放大了。

简单来说，顶级数码相机对于镜头的要求不是降低了，而且增高了。这个说法大家估计不常听到，反正很多器材厂家是揣着明白装糊涂。所以态度比较好的厂家就像施奈德、佳能、蔡司这样的，能公开宣布自己更新镜头群，算是厚道的了。最终佳能决定有必要对它进行升级了。

新的EF 14mm/2.8 L II USM使用的是全新的14片11组镜片光学设计，根据厂方流露出来的意思，他们希望这支镜头可以"重新定义AF单反相机超广角镜头的成像质量"。从MTF曲线上你可以明显看出它和老款之间巨大的差别，特别是边角的成像质量有了突破性的提高。之所以使用新设计的结构也是为了更好地解决超广角镜头最容易产生的眩光的问题，当然，新镜头使用的优化镀膜对此也会有帮助。

另外，EF 14mm/2.8 L II USM的镜头盖使用了新的设计，原来的镜头盖很精密，但是不利于在实际拍摄中使用，新款的变得实用了。

20 毫米

经典超广角和大景深

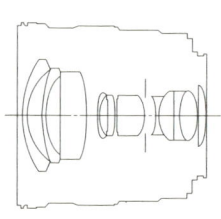

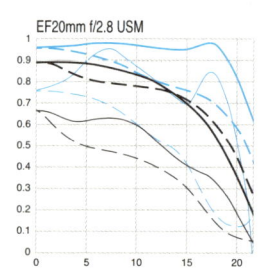

EF20mm f/2.8 USM 光学结构：

焦距和最大光圈：20mm f/2.8
光学结构：11 片 9 组
对角线视角：94 度
调焦系统：环形超声波马达，后组调焦系统，全时手动对焦
最近调焦距离：0.25 米，0.14 倍放大率
滤镜口径：72mm
最大直径×长度：77.5 × 70.6（mm）
重量：405 克
遮光罩：EW-75
（参考价格：3680 元）

20毫米镜头是最典型的超广角镜头，很容易制造出强大的视觉冲击力，而经过训练的摄影者可以比较容易摆脱超广角镜头透视畸变带来的视觉上的不适感。因此在很多摄影领域，20毫米超广角镜头有着特殊的魅力。各个镜头生产厂家都很重视这个焦段的镜头。

　　超广角镜头会强化广角镜头的特点。夸张的透视效果使主体越靠近镜头就越大，而随着离镜头越远就迅速缩小。同样光圈下超广角镜头景深要远远比标准镜头和中长焦距镜头大很多，这样的效果使前景和背景都非常清晰，甚至在较大光圈的情况下也是如此。

　　20毫米镜头具有94度的广角，人眼视角范围内的物体几乎它都能进入画面，并且显得比较自然，不像14毫米镜头那样有强烈的透视扩张现象。它几乎能用在任何地方，从上个世纪80年代开始，是最"时髦"的定焦镜头之一。

　　这款镜头对于想拍摄纪实或人像——特别是环境群像——照片的你是最理想的。因为用它拍出来的照片多数有着非同一般的视觉感受，尤其是强烈的真实感和现场感。它可以用到很多方面，比如建筑、室内摄影、抓拍和风光摄影。

　　不过，对于初学者来说，它和其他多数超广角镜头一样面临同样的使用困境，你会直觉性地希望把更多的"好"东西放进一张照片里，而结果却很容易产生空洞平淡的影像。所以，通过恰当的构图表现各构图元素之间的空间关系很重要，别忘了给你用超广角镜头拍的照片找个前景来展示空间感。

　　这款镜头对于已经有了标准镜头或者小广角镜头（比如35毫米镜头），但仍想要让自己的风光片和抓拍作品具备更宽广视角的摄影师来说也是很好的选择。但是要提醒你，即便是在很有经验的摄影者手中，20毫米镜头也容易显出少许透视变形——特别是在仰、俯拍摄的时候。如果你不喜欢这种变形，考虑焦段更长一点的广角镜头会更容易控制。

◉ EF20mm f/2.8 USM

　　这支镜头使用了后组对焦系统以及浮动镜片结构，通过移动后部的镜片组以修正近距离对焦误差以及因此导致的像差。从最小对焦距离0.25米到无限远都能保证得到更高锐度和更清晰的影像。

　　后组对焦带来的好处之一是让自动对焦更快，它也使用了超声波马达使得对焦更加安静。当然，在这支镜头上手动对焦可以在任何时候做到而不需要更换对焦模式。使用后组对焦另外的好处是，在对焦的时候前组镜片不会旋转，使用偏振镜时更易于操作。

　　另外要提到的是，虽然是常用焦段，但是这支镜头并不是L系列镜头，成像质量无论是分辨率、锐度、色彩的表现力在EF定焦镜头中也就属于中等。

摄影:奚志农, Photo by Xi Zhinong
EOS 1Ds Mark II 机身, 28mm 镜头, 光圈优先, - 2/3 级, f/5.6 光圈, 1/60 秒快门, ISO 400
海南霸王岭, 海南岛硕果仅存的热带雨林。

24毫米镜头
最易使用的超广角

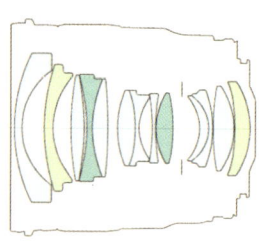

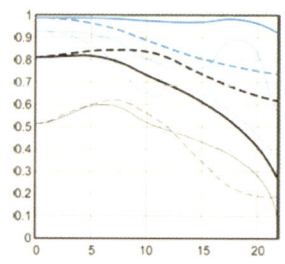

EF 24mm f/1.4 L II USM 详细规格：

焦距和最大光圈：24mm，f/1.4
光学结构：13片10组
对角线视角：84度
调焦系统：环形超声波马达，后组调焦系统，全时手动对焦
最近调焦距离：0.25米，0.17倍放大率
滤镜口径：77mm
最大直径×长度：83×86（mm）
重量：650克
（参考价格：10330元）

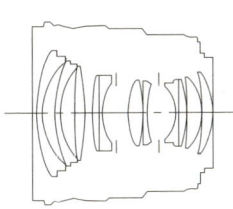
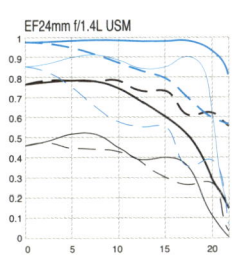

EF24mm f/1.4L USM 详细规格:

焦距和最大光圈:24mm,f/1.4
光学结构:11 片 9 组
对角线视角:84 度
调焦系统:环形超声波马达,后组调焦系统,全时手动对焦
最近调焦距离:0.25 米,0.16 倍放大率
滤镜口径:77mm
最大直径×长度:83.5 × 77.4 (mm)
重量:550 克
遮光罩:EW83D (附送)
其他:有红外线对焦标记
(已停产)

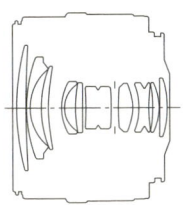
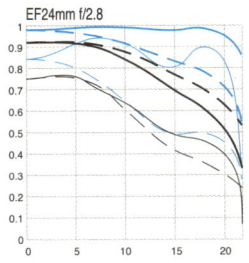

EF24mm f/2.8 详细规格:

焦距和最大光圈:24mm,f/2.8
光学结构:10 片 10 组
对角线视角:84 度
调焦系统:带 AFD 的后组调焦系统
最近调焦距离:0.25 米/0.8 英尺,0.16 倍放大率
滤镜口径:58mm
最大直径×长度:67.5 × 48.5 (mm)
重量:270 克

摄影：赵嘉，Photo by Zhao Jia
EOS 1V 机身，24mmL 镜头，手动曝光，f/8 光圈，1/60 秒快门，富士 RDP III 胶片，捷克，布拉格，查理大桥的清晨，一对英国情侣通宵在广场泡吧之后来这里等待日出。可以看出 24L 在胶片时代即便在逆光情况下也有很好的表现。

24毫米镜头在近距离拍摄物体时具有强烈的现场感。它也是超广角镜头的"入门"焦段以及最容易使用的焦段。由于更广的广角常常会带来明显的变形,而更长焦段的广角镜头又被一些人认为"不够广",类似焦段(包括德国厂家常见的25毫米镜头)是超广角镜头透视变形最轻微的,所以24毫米镜头获得很多讲究平衡的摄影者的喜爱。

24毫米镜头也是野外摄影者的至爱,在拍摄广阔的风光图片的时候表现力非常好,不会丢失风光本身的宽阔感,很多野外摄影师将它和一支中长焦镜头配合使用。同时,它和标准镜头的配合也被很多报道摄影师采用。

EF镜头在24毫米焦段有两个选择:昂贵但是性能超群的EF24mm f/1.4L USM和轻巧而具有很高性价比的EF24mm f/2.8。

▣ EF24mm f/1.4L USM

世界上做到f/1.4口径的最广角的镜头!这支镜头的设计来自于FD卡口时代的一支声誉良好的同规格顶级镜头,目前依然独步天下!

对于喜爱超广角镜头的拍摄者来说,它不仅万能,而且成像质量几乎在任何情况下都可以完全被信赖。EF24mmf/1.4L USM的光学设计的制造工艺都显示了佳能在胶片时代的最高端水准。

在相当长的一段时间里,由于摄影技巧和对视觉艺术欣赏水平的提高,广角和超广角镜头在各个层面上都受到更多摄影者的喜爱。在各个摄影领域,超广角镜头的应用比例在大幅度提高。

随着取景技术的进步,摄影者更容易驾驭广角镜头,曾经被认为很广的35毫米镜头和28毫米镜头已经成为很平常的广角镜头,甚至很多摄影师都会嫌它们"广"得不够。这样,就必须要求广角的设计也要不断发展。而很多时候,我们在需要广角的透视效果的时候也需要更好的镜头景深感,以强化图片的视觉效果,所以在更广阔的视角以及尽可能不被察觉的变形的需求下,大光圈的EF24mmf/1.4L USM的诞生就一点不奇怪了。

从技术角度来看,镜头做到f/1.4是有相当难度的,尤其是超广角镜头,更要兼顾超广角镜头容易产生的偏色、色散、色差、桶型畸变等等成像难题,那是相当不容易的。但另一方面,照片表现力的范围则因为大光圈而得到了扩展。

这支镜头融合了特殊研磨的非球面镜片和UD镜片来彻底地控制各种形式的误差,包括色散、球差和在数码单反相机里经常出现的严重的放大色差。这是第一支使用造价高昂的研磨非球面镜片制造的EF镜头。

同时,浮动镜片结构可以提供从最短对焦距离0.25米到无限远的高品质的影像,对焦的时候前组镜片不会旋转。

虽然不如其他超广角镜头那样有更强烈的冲击效果，但这款镜头在最大光圈下能制造非常美丽的模糊背景，并同时提供出色的独特的广角景深画面。24毫米广角镜头带来的宽广视野配合强烈的透视和清晰的图像会让主体和背景的分离更加真实自然。使用大光圈拍摄人物照片时，在离被摄人很近的情况下仍然能够提供一种梦幻的感觉。

EF24mmf/1.4L USM 的拥护者首先是报道摄影师和纪实摄影师，他们对于现场光效果有着特殊的迷恋。同时，特殊的视觉效果对于图片库摄影也很重要。

EF24mmf/1.4L USM 最有趣的就是 f/1.4 时候的成像。进行严格的分辨率测试，你会发现在全开光圈的时候四个角成像有一点松，和中央的分辨率有较大差异，而且四角有约半挡的光量下降，但是特殊的空间感觉和景深效果会令这一切显得不重要，你会深深地迷恋这支镜头特殊的影像效果。在实际拍摄中，建议你在这支镜头光圈开足的时候不把被摄的主体放在四个角上，当然，实际上也很少有人真的这么做。

实际拍摄的结果，在 f/2 的时候暗角可以基本消失，而 f/4 已经是这支镜头的最佳光圈了，分辨率几乎已经达到最高。这支镜头在 f/1.4 最大光圈下中心的分辨率相当高，和最佳分辨率光圈（f/4）时的差距只有10%左右，但是这时四角分辨率只有中心的一半。而当光差圈收到 f/2 时，中心以及四角的分辨率都迅速提高，与最佳光圈的差别已经微乎其微，而且中央和四角的均匀性也非常好，对于一支超广角镜头来说真的是极为出色。

另外，这支镜头存在轻微的桶型畸变，不过依然比所有以24毫米作为开端的L系列变焦镜头要轻微。最大光圈存在严重的暗角，在全画幅数码相机上会更加明显，如果你很介意，收光圈到 f/2.8 之后会有明显改善。

另外，作为一支超广角镜头，它的像场弯曲很小，桶形畸变也很轻微（0.66%）。虽然这是一支诞生在胶片时代的镜头，但是它的眩光控制还是相当不错的，这对于数码相机的使用者非常重要了。

作为 EF 系列最早的顶级镜头之一，EF24mmf/1.4L USM 没有使用后来广泛使用在 L 系列镜头上的防水结构；当然它也没有对数码相机做特殊的镀膜优化，因此在逆光使用时或许需要你多少要对眩光和镜头内部反射问题注意一些。

◉ EF24mm f/2.8

这支镜头设计轻便、简洁，使用方便，自动对焦快速准确，是一款具有很好操作性和携带性的镜头。

它采用后组对焦方式，因此可以有效补偿在各种拍摄距离上的成像误差，特别是拍摄近处的主体也能获得清晰的图像。另外，镜头的长度是不变的，遮光罩和滤光镜也被设计成为不可旋转的，所以使用偏振镜很方便。当然，它的成像质量完全不能和昂贵的 EF24mmf/1.4L USM 相比，但是轻、小、易于使用是它的主要优点。在使用 APS-C 尺寸感应器的数码相机时，它可以作为小广角使用，提供非常高分辨率的图像，还是有些吸引力的。

28 毫米镜头
易于使用的标准广角镜头

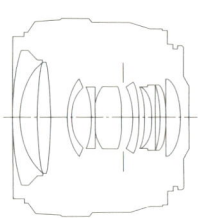

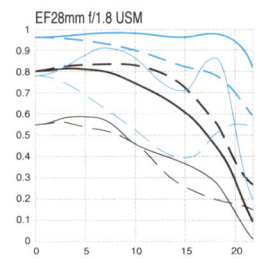

EF28mm f/1.8 USM 详细规格：

焦距和最大光圈：28mm f/1.8
光学结构：10 片 9 组
对角线视角：75 度
调焦系统：环形超声波马达，后组调焦系统，全时手动对焦
最近调焦距离：0.25 米 0.18 倍放大率
滤镜口径：58mm
最大直径×长度：73.6 × 55.6(mm)
重量：310 克
遮光罩：EW-63 II
（参考价格：3800 元）

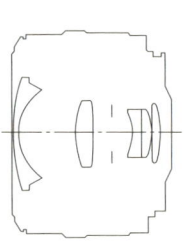

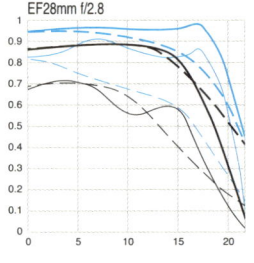

EF28mm f/2.8 详细规格：

焦距和最大光圈：28mm f/2.8
光学结构：5 片 5 组　对角线视角：75 度
调焦系统：带有 AFD 的线性马达
最近调焦距离：0.3 米　0.13 倍放大率
滤镜口径：52mm
最大直径×长度：67.4 × 42.5(mm)
重量：185 克
（参考价格：1960 元）

由广角镜头拍摄的主体离镜头越近显得越大,所以使用广角镜头对于通过主体和背景之间的比例关系表现透视是很理想的,而焦段长些的镜头则倾向于通过虚化的前景和背景来表现空间关系。在所有的广角镜头中,28 毫米镜头被多数人认为在这一点上的平衡是最理想的。不仅对于拍摄风景照片,而且对于被摄体距离比较近的人像摄影,它都能依靠主体以及周围物体带来强烈的现场感,同时甚至也能让日常事物看起来与往常有些不同。

因此 28 毫米镜头对于需要镜头视角较广的室内拍摄或被摄人物非常多的拍摄情况下是非常有用的。另外,定焦镜头相对于变焦镜头来讲色散和变形都比较小,对于新闻摄影或许不是很重要,但是对于建筑摄影则非常有用。

◉ EF28mm f/1.8 USM

这是一款大光圈的广角镜头,能够带来令人印象深刻的自然的表现和漂亮的影调,对于室内摄影来说 f/1.8 的最大光圈同样令其有着相当好的表现。使用了非球面镜片的光学系统不仅让镜头体积减小,而且减小了球差,带来更清晰的画面质量。

这支镜头的光圈安装在第一组镜片的后面,因此它可以减少眩光的影响,同时可以减少杂光的影响来保证更高的反差。环形超声波马达让镜头的操作性得到极大提高,带来安静、高速的自动对焦,同时可以进行全时手动对焦,当然它使用的是不会旋转的滤镜接口。

这支镜头的色彩饱和度很高,但是分辨率和 L 系列镜头相比还是差距颇大。最大光圈的分辨率实在是乏善可陈,而且中央和四角的差距直到 f/5.6 之后才不那么明显,最佳分辨率光圈介乎 f/8 到 f/11 之间。有广角镜头常见的明显可见的桶型畸变。

这支镜头对于喜欢广角镜头而又精明的摄影者来说是一个很好的选择,它不是 L 系列镜头,因而没有昂贵的价格,但是却有相当大的光圈。实际上,除了两支最大光圈达到 f/1.4 的 L 系列广角镜头以外,它就是 EF 系列中光圈最大的广角镜头了。

同时,随着变焦镜头越来越受到喜好操控便利特点的摄影爱好者的欢迎,新款的非 L 系列定焦镜头的发布基本陷于停滞,而 EF28mm f/1.8 USM 是 EF 系列中最后一款非 L 系列的定焦镜头。

◉ EF28mm f/2.8

简洁的五组五片光学结构,使用了玻璃铸造的非球面镜片,因此可以获得不错的光线质量。

得益于简单轻便的光学系统,镜身伸缩式对焦系统使得它的自动对焦非常迅速,并且能够带来清晰、高对比度的影像质量。定焦镜头变形很轻微,使得这款镜头对于建筑摄影爱好者和其他景物里有直线的拍摄工作非常理想。

摄影：赵嘉，Photo by Zhao Jia
EOS 1V 机身，28mm 镜头，手动曝光，f/2.8 光圈，1/8 秒快门，富士 RDP Ⅲ 胶片，ISO400
捷克，布拉格，广场的小酒吧

35 毫米镜头

一个带来柔和的透视和接近人眼的
自然表现的焦距段

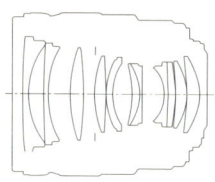

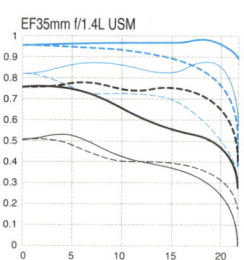

EF35mm f/1.4L USM 详细规格：

焦距和最大光圈：35 毫米　f/1.4
光学结构：11 片 9 组
对角线视角：63°
调焦系统：环形超声波马达，后组调焦系统，全时手动对焦
最近调焦距离：0.3 米，0.18 倍放大率
最小光圈：22
光圈叶片：8
滤镜口径：72mm
最大直径×长度：79 × 86（mm）
重量：580 克
遮光罩：EW-78C（附送）
（参考价格：10900 元）

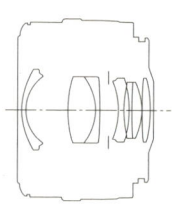

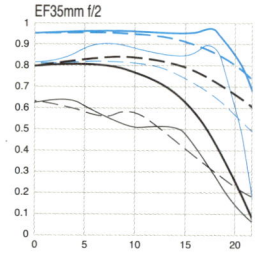

EF35mm f/2 详细规格：

焦距和最大光圈：35 毫米　f/2
光学结构：7 片 5 组
对角线视角：63°
调焦系统：带 AFD 的线型马达
最近调焦距离：0.25 米，0.23 倍放大率
滤镜口径：52mm
最大直径×长度：67.4 × 42.5（mm）
重量：210 克
遮光罩：EW-65 II
（参考价格：2300 元）

35毫米镜头焦段是傻瓜相机最常选择的焦段，同时也是很多职业摄影师最常用的焦段。

35毫米镜头提供了对物体相当接近自然的表现，这一点特性和标准镜头很像。但是如果你希望在你的照片中得到更多一点的景物，加大视觉的广度和深度，35毫米的镜头则会更加理想。这种镜头既能清晰地表现前景和背景，也可以利用光圈开大或拍摄特写照片产生背景的虚化效果，加上标准广角镜头可实现的独特气氛，以及由控制光圈带来的不同的超焦距效果，带给照片一种视觉的张力。

由于视角不是太广，因此厂家有可能赋予这个焦段的镜头比较大的光圈。不仅对于摄影创作很有意义，略广的视角和最大光圈带来的大通光量，对于注重现场光条件下拍摄的科研摄影和现场监督摄影来说也是很有价值的因素。这种镜头尤其适合在低照度条件下的拍摄，而这往往是变焦镜头力所不能及的。

除此以外，广角定焦镜头的用途非常广泛，很多职业摄影者喜欢它甚至要超过标准镜头。广角定焦镜头可以在许多种不同的条件下使用，特别是需要使用多一点透视感觉的时候，从环境人像、室内摄影、风景到抓拍摄影都有着广泛的应用。

对于很多摄影师来讲，35毫米镜头也是定焦镜头的起始镜头，它和很多镜头的配合都可以形成很好的镜头体系。35毫米镜头和一只人像镜头的配合在很长一段时间被认为是报道摄影师的标准配置，而35毫米和一支超广角定焦镜头、一支大口径长焦镜头的配合后来成为拍摄人文题材摄影师的最常用选择。

▣ EF35mm f/1.4L USM

EF系列镜头的广角之王！

EF35mm f/1.4L USM绝对是L系列中最值得拥有的一支镜头。不仅是所有EF系列广角镜头中解像力最好的一支，说到AF速度和精度，它甚至比最新的EF50mm f/1.2L USM还要好，在分辨率和焦外成像上这两支镜头也是各擅瑜亮。

虽然L系列拥有多支规格特殊的广角和超广角镜头，但我个人认为，就成像质量、镜头味道来说，L系列广角镜头里最好的不是这些外表和规格看起来非常招摇的镜头，而是这支焦段看起来很常规的EF35mm f/1.4L USM。

摄影:赵嘉,Photo by Zhao Jia
EOS 1Ds Mark II 机身,35mmL 镜头,程序曝光,−1级,f/2光圈,1/50秒快门,ISO 400
四川,甘孜

EF35mm f/1.4L USM 拥有同档镜头中最大的光圈，不要以为大光圈的 35 毫米的镜头好做，有很多器材大厂至今不肯推出 AF 版本的 35mm f/1.4 镜头，除了市场价格的原因以外，技术也是一个很重要的因素。

　　EF35mm f/1.4L USM 的第 9 片镜片是一片昂贵的研磨非球面镜片，它可以最大程度地消除在广角镜头中特别影响成像的畸变和大光圈镜头容易产生的球面像差，带来只有 L 系列定焦镜头才能达到的极端清晰、无误差的画面质量。即使在 f/1.4 的大光圈下，这支镜头也有极好的成像质量。而且它的整体焦外成像效果非常赏心悦目,同时暗部细节表现能力极强！

　　和 EF24mm f/1.4L USM 相同，EF35mm f/1.4L USM 也采用了后对焦系统，由第 2、3 组镜片构成的浮动机构精确地补偿了中短距离对焦段的像差波动，保持了镜头从无限远到 0.3 米的最近调焦距离中的优秀成像质量。要特别提到的是它在最近调焦距离的成像非常好。不旋转的滤镜接口设计为无论是花瓣形还是其他形状的遮光罩都提供了简便的操作。

　　另外值得一提的是，EF35mm f/1.4L USM 所有的 11 片透镜都使用了对环境无害的无铅玻璃。

　　和另一支 L 系列的王牌镜头 EF24mm f/1.4L USM 相比，EF 35mm f/1.4L 虽然没有超广角焦段带来的强烈的视觉冲击力，但从成像质量上来看毫无疑问 EF35mm f/1.4L USM 要好很多，从我的拍摄感受来看，这是我使用的所有 EF 镜头里面最喜欢的一支，而且它的焦段、最大光圈都是我常用的。如果你喜欢 L 系列的镜头，绝对不要错过这一支镜头。实际上，我最常用的 4 支 EF 镜头就包括它。

　　如果说缺点，35mm f/1.4L 在最大光圈下的中心分辨率还不错，但是四角的分辨率比较低，而且整体反差偏小，会显得不够"锐"。所以，在极暗光下，除非有塑形能力特别强的光线构成足够高的反差，我通常会收小 2/3 档光圈使用。

▣ EF35mm f/2

　　简单的 7 片 5 组光学结构在轻便紧凑的设计中达到了 f/2 的高通光量。成熟的镜头光学结构结合多层镀膜镜片，使得这支镜头可以得到非常清晰的影像质量，在消除鬼影和眩光方面也能显示出定焦镜头的优势。这款镜头的最近调焦距离是 0.25 米，是同档镜头中最近的，这使它能够拍摄放大率为 0.23 倍的微距摄影，对于一款广角镜头来说已经非常不错了。

　　虽然没有 L 系列镜头那样显赫的身世，但是由于 35 毫米的常用焦段、定焦镜头的高素质以及相当低廉的价格，因此它得到了很多务实的职业摄影师的青睐。它谈不到 L 系列镜头那样好的色彩表现，但是我自己很喜欢在不加电池手柄的 EOS 5D 上使用它，它有着锐利的成像而且非常易于携带，机身和镜头有很好的操作平衡性。

　　对于使用 APS-C 画幅相机的人而言，这支镜头常被当作传统的标准镜头焦段的替代品，它的相对焦距 56 毫米。EF 28mm f/1.8（相对焦距约 45 毫米）也有类似功用，它们经常被用来互相比较，我个人认为 EF 35mm f/2 的整体画质要更好，而且 EF 28mm f/1.8 大光圈下分辨率不高的弱点在一定程度上会加重紫边的出现。

L系列镜头的私房话——针对顶级光学质量的追随者

摄影是一个很宽泛的领域，既然大家多数都是用相机摄影，所以纯粹地就器材谈器材问题其实也挺有趣的。

当然，谈器材到了极端，也并不一定再能作为拍摄的参考。光学质量好的镜头可不一定就能拍出好的照片，毕竟最好的器材都不是万能的，不可能适合每一个摄影者。

L系列镜头得到不少器材发烧友的追捧，优势的确是多方面的，特别在于：

1. 更好的成像质量；

2. 更高的可靠性；

3. 比较保值。

我个人也强烈推荐所有EOS相机的使用者选择L系列镜头。

下面一些关于L系列镜头的观点基于我个人对光学效果的不懈追求，仅供器材同好沟通，和图片的实际拍摄关系不大。

首先要说的是变焦镜头，变焦镜头本质上是给拍快照的人预备的，要是你对成像要求很苛刻，还是算了吧。L系列不缺好的定焦镜头。

在L系列镜头中就成像质量而言有几支镜头是全球非定制镜头里最好的，它们是：

85mmf/1.2 L，包括第一代和II型；

200mmf/1.8 L 和 200mmf/2 L IS；

400mmf/2.8 L IS。

上面几支镜头在全球AF镜头里无敌手，都可以达到德国顶级镜头的水准。

另外有几支镜头是其他厂家没有达到的规格，而且质量也是世界上同类镜头中最好之一，包括：

24mmf/1.4 L；

50mmf/1.2 L，如果不把它和手动的德国镜头相比，基本也是最好的了；

1200mmf/5.6 L。

还有几只镜头虽然其他厂家也有类似规格的AF镜头，但是L系列的光学质量明显在对手之上，或者是最好的之一，这几支镜头是：

14mmf/2.8 L II；

35mmf/1.4L;

180mmf/3.5L。

如果对L系列镜头的光学质量有特殊的癖好，上述这些镜头则是应该优先考虑的。而即便你已经拥有很多其他品牌的顶级器材，但是上述镜头在AF镜头适合使用的领域还是难以被替代的。

另外，L系列镜头是多年来在市场上磨合得非常成功的产品，所以各支镜头的性价比其实差别不大，基本上是"一分钱一分货"，很少有性价比特别高或者特别低的型号。

EF广角定焦镜头里L头有4款：14mmf/2.8L、24mmf/1.4L、TS-E 24mmf/3.5L和35mmf/1.4L。这几支镜头每支都有可圈可点之处。

我在胶片时代很喜欢24mmf/1.4L和35mmf/1.4L的广角配合（现在又加上50mmf/1.2L），它们是纪实摄影的完美利器，很符合我对于现场光拍摄的狂热需求；而在拍摄风光照片时（无论是自然风光还是城市风光）TS-E 24mmf/3.5L和35mmf/1.4L的搭配很好。使用数码相机的时候，由于设计上的原因，TS-E 24mmf/3.5L在像场均匀度方面要比24mmf/1.4L更好，而且毕竟还有移轴功能，在常见的旅行和风光摄影中尤其有用。但是，24mmf/1.4L有大光圈的优势，而且分辨率更高，色彩表现也更好。

24mmf/1.4L和35mmf/1.4L都是EF系列里面的看家镜头。24mmf/1.4L在大光圈下拥有震撼的超广角透视和迷人的焦外虚化效果，在全球AF镜头中几乎可说独步。但是，超广角镜头的使用难度也更高和更受局限，因此多数时候它在暗光下的拍摄工作可以被35mmf/1.4L替代，况且35mmf/1.4L在数码相机上成像质量要比24mmf/1.4L好很多，所以在选择上还是要看个人的具体需求。

佳能L系列的标准镜头有两支，除了上述强力推荐的50mmf/1.2L之外，还有已经停产的50mmf/1.0L，世界上光圈最大的AF镜头。关于这支镜头的评价有着一些截然不同的观点，由于我本人使用它并不多，因此我还不能客观地判断上述观点之间的差异，希望未来本书的新版中我有机会这样做。

L系列的两支中焦人像镜头中，135mmf/2L是一支性价比超高的镜头，但是单从镜头的高级感而言则是远远不及85mmf/1.2L了。

L系列的望远镜头可以说每一支都很好，尤其是大光圈的几支，按你需要的焦段买就可以了。

结论：

1. 购买L系列镜头可以按图索骥；

2. 如果还有没花出去的预算，考虑购买本书的姊妹书《顶级摄影器材》，继续购买其他品牌的顶级产品。

50毫米标准镜头

非常接近人眼透视效果的自然的影像

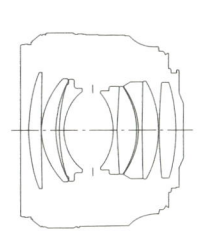

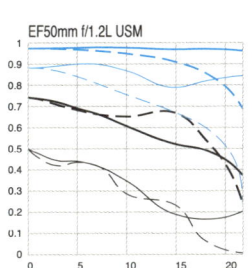

EF 50mm f/1.2L USM 详细规格：

焦距和最大光圈：50mm f/1.2
光学结构：8片6组
最小光圈：F16
对角线视角：对角线46度（垂直27度，水平40度）
调焦系统：环形超声波马达，后组调焦系统，全时手动对焦
最近调焦距离：0.45米，0.15倍放大率
滤镜口径：72mm
最大直径×长度：85.8 × 65.5(mm)
重量：590克
遮光罩：ES-78（附送）
（参考价格：9990元）

虽然是最基本的镜头焦段，但是一旦你知道如何使用它，标准镜头的无限可能就永远不会让你失望。

用标准镜头拍摄的照片有着一种自然的视角，和一种未被扭曲的距离感受。因为这种镜头具有与人眼差不多相同的视角，它对摄影师的要求也就更高。

另外，好的一方面，标准镜头最大光圈往往比较大，因此你可以通过控制景深来制造独特的视觉效果。

有技巧地使用标准镜头的关键是在拍摄距离、透视和由光圈控制的背景虚化效果之间保持有效的平衡。举例来说，用小光圈进行低角度或高角度的拍摄，你可以创造出一种像用广角镜头拍摄的照片一样的动态效果的感觉。甚至在用更传统的视角进行拍摄时，大光圈可以用来虚化背景并得到与用中长焦镜头拍摄的效果相似的影像。还有，仔细注意微距摄影的透视和构图你可以得到看起来更加专业的效果。50毫米镜头是一支考验摄影师所有方面技术的镜头。

▣ EF50mm f/1.2L USM

这是一支实用性和把玩性都非常好的镜头，如果你对光学质量要求很苛刻或者醉心于暗光下的魅力影调，强力推荐你考虑它。

EF系列刚刚上市的时候曾经生产一支著名的大光圈标准镜头：EF50mm f/1.0L USM，这是世界上光圈最大、最高速的可更换式单镜头反光镜头之一，同时是世界上光圈最大的自动对焦镜头。为了达到L系列要求的高素质，它采用了2片非球面镜片及4片高折射镜片，镜头重量达到了惊人的985克。这支镜头作为L系列中最有"炫耀"能力的镜头，在最大光圈下有着独特的影像味道。但是它的体积和重量都过大，自动对焦速度很慢，价格又很昂贵，使得它的使用环境受到相当的限制（似乎很多电影剧照都是用它拍的，可是谁能比电影工厂更有钱啊！人家随随便便一支镜头多是几万美金起的！），因此它的存在更多的是一种象征意义，来展现L系列设计制造能力。而EF 50mm f/1.4 USM虽然物美价廉，但是大光圈下的成像实在乏善可陈，而且其可靠性也远远不能满足职业摄影师大量、艰苦环境下的拍摄。

因此在很长一段时间里，摄影师对于EOS推出一款更实用更轻便的标准镜头的呼声就很高。

EF50mm f/1.2L USM在2006年发布，展现了L系列比较新的镜头设计制造能力。在历史上，佳能公司1956年曾经发布过S系列的50mm f/1.2规格的镜头，7片5组的。FD卡口时代里，1980年曾经发布过两款50mm f/1.2（7片6组）和50mm f/1.2L（8片6组），L系列那支使用了萤石玻璃和非球面技术，成像色彩浓郁，大光圈下的暗角效果也很迷人，很得摄影师的喜爱，不过几乎比前者贵一倍。

虽然在数码时代充斥着快餐图片以及永无止境的便利需求，但是依然有很多摄影师——别忘了业余摄影师和职业摄影师都是摄影师——继续坚持挖掘着35毫米相机的影像潜力。而对于他们来讲，的确需要一只大口径标准镜头来弥补EF35mm f/1.4L USM和EF85mm f/1.2L USM之间过大的透视差异。一旦EOS系列的整体布局接近完成，作

摄影：赵嘉，Photo by Zhao Jia
EOS 1Ds Mark II 机身，50mmf/1.2L 镜头，手动曝光，f/4 光圈，1/500 秒快门，ISO 100
四川，甘孜

为世界上在产的光圈最大的标准镜头 EF 50mmf/1.2L USM 的出现可以说是顺理成章了。

这支镜头是 2006 年 8 月随着 EOS 400D 的发布同时推出的。

标准镜头的设计和生产工艺应该说是没什么秘密可言的，但是这支镜头还是给我们带来了一些惊喜。

首先，它的镀膜非常漂亮，不用装在机身上你就可以感觉到它的深沉和通透。镀膜技术的提高主要是为了适应数码相机的需求，数码相机对于镜头内抑制反射的要求要比胶片相机苛刻得多，因此新的 L 系列镜头采用了优化的镜片镀膜（升级了的超级光谱镀膜技术），另外镜片位置也有利于抑制鬼影和眩光。

这支镜头比其他品牌的 f/1.2 的标准镜头要轻和短，重量适中，持握很舒适。光学结构为 6 组 8 片，包括 1 枚非球面镜片（第八片），全部采用无铅玻璃制造。8 片光圈叶片收缩之后相当圆，可以帮助带来更出色的焦外成像。变形的控制也很好，近距离拍摄也不会带来影像质量的明显下降。

它的做工、对焦方式切换开关、参数指示窗都很像传奇的 EF 85mm f/1.2L USM，但是手感要比 85mmL 更扎实。一旦装到机身上，你会发现它和 EF 85mm f/1.2L USM 之间最大的区别：它的对焦速度非常快，一扫 EF 50mm f/1.0L USM 和 EF 85mm f/1.2L USM 令人倦怠的 AF 速度，和 EF 24mmf/1.4L USM、EF 35mmf/1.4L USM 基本在伯仲之间。另外，很重要的是，它可以全时手动对焦了，这对于一支大光圈镜头而言很重要，而 EF 50mm f/1.0L USM 和 EF 85mm f/1.2L USM 都是做不到的。

必须要另外指出，从我自己配合 EOS-1Ds 系列的使用体会上来看，这支镜头在最大光圈下配合机身非中心 AF 对焦点时，对焦不是很坚决，准确率也不足 80%（景深很浅或许加重了 AF 的难度），即便切换单点对焦和伺服对焦也不会有太大提高。所以强烈建议你为了达到最好的对焦的精确度，在使用最大光圈拍摄时使用手动对焦，或者更仔细地检查使用自动对焦时的焦点。

令我很满意的是，它采用了密封设计，拥有了和很多新的 L 系列镜头相同的防水防尘功能，可以在大雨里拍摄了。不过有一点要注意，EF 50mm/1.2L USM 对焦时第一组镜片在镜身中是前后移动的，虽然可以想见内部也做了防水处理，但是加上 UV 镜对于提高防水防尘性会更好。

另外要提到，在 2007 年 8 月佳能发布 EF 14mm f/2.8L II USM 之前，它是 L 系列所有带防水防尘功能的定焦镜头中最广的（居然是一支标准镜头，佳能应该像 24mmf/1.4L II 那样，为摄影师们好好更新一下那些广受好评的广角定焦镜头了！）。

EF 50mmf/1.2L USM 在全开光圈下的成像已经具体相当的实用价值了，画面感觉相当有味道。虽然略有暗角，但是整体锐度很好，有足够高的反差，反差对于大光圈镜头在暗光下的拍摄来说比分辨率和锐度似乎更重要，因为暗光下拍摄的主要是气氛。收到光圈 f/2 时会极大地提高锐度，f/2.8 已经几乎达到最好的分辨率了，再收小光圈带来的主要是全像场内更好的均匀度和色彩表现。镜头的色彩表现也很突出，没有 EF 85mm f/1.2L USM 那么明显的暖调，但色彩的饱和度很高。分辨率上，它几乎达到了 L 系列最高的水准，其实最大光圈时中心分辨率已经和最佳光圈相差无多，画面的均匀度在 f/5.6 之后达到惊人的水准。

EF 50mmf/1.2L USM焦外成像效果是值得多说两句的，虽然使用了非球面镜片，不过这支镜头的焦外成像相当细腻，层次丰富，在EF系列镜头里不是很常见。它的焦外风格和EF 85mm f/1.2L USM迥然不同，散焦没有EF 85mm f/1.2L USM那么厉害。EF 85mm f/1.2L USM的特点（也是优点）是在大光圈下将焦外的物体和细节都融入不可辨认的浓稠之中，而EF 50mmf/1.2L USM既有很好的柔化效果又在相当程度上保留了焦外物体的可辨认性，这对应于EF 50mmf/1.2L USM的某些用途——无论对于是专题摄影中的抓拍，还是带有环境的人物肖像都是恰当的。

　　总的来说，EF 50mmf/1.2L USM最大的特点在于能够代表L系列镜头最新光学成就顶级镜头的成像素质，同时高速的AF系统又保证了它非常好的实用性（这对于职业摄影师来说具有极大的实用价值）。同时，这支镜头大异于常规日本器材厂家对于标准镜头过于追求性价比的含混态度，独树一帜的镜头效果也很适合器材爱好者仔细玩味——这在最近几年的EOS镜头中不是太多见。

　　因为上市的时间太短，还不敢断言它的可靠性，如果过两年我的EF 50mm/1.2L USM还没有出问题，我会考虑把它作为强力推荐的镜头之一。

花絮

同一焦段的大光圈镜头对小光圈镜头

　　早年，我们会经常听到一种理论：同一焦段的大光圈镜头虽然更昂贵，但是一旦收小光圈，常常还不及同焦段小光圈镜头收小光圈的效果。

　　而通常镜头光圈增大一挡，镜头的价格则要增加一倍左右（甚至更多！），因此，有人会说，如果你常用小光圈，则不如购买最大光圈比较小的镜头。

　　这种说法不是完全没有道理，多数大光圈镜头会更多地考虑大光圈下的拍摄效果，而俗话说"针无两头利"。镜头设计本身就是多种要素妥协的结果，要求一支镜头在各挡光圈下都达到完美是极其困难的，通常也意味着更高的成本。

　　但是绝大多数EF系列镜头特别是L系列镜头的情况并不是这样。和有些厂家不同，同样焦段的L系列镜头，往往光圈越大的成像越好，而即便L镜头收小光圈后也会比非L系列镜头更好！

　　这当然和上述的"常识"判断是有悖的，原因只有一个，就是佳能在大口径L头上倾注了更多的顶级技术，使用了更昂贵的质材和工艺。比较常见的有特殊研磨的非球面玻璃、UD镜片或萤石玻璃等等，它们会保证L系列镜头在收小光圈后分辨率、反差和色彩传递都可以保持优势。

　　当然，说到底，还是成本决定了品质。而其他品牌的相机也有少数这样的例子，比如尼康的AF 28mm f/1.4D镜头、AF Micro 200mm f/4D IF-ED微距镜头以及手动对焦镜头时代著名的300mm f/2、AF-S VR 200mm f/2G IF-ED；美能达的某些G系列镜头；宾得的FA 43mm f/1.9等等，它们都要比同厂同焦段的小光圈镜头更优秀。

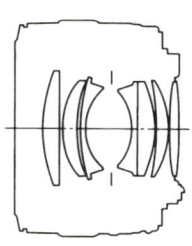
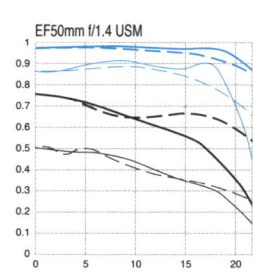

EF50mm f/1.4 USM 详细规格：

焦距和最大光圈：50mm，f/1.4
光学结构：7 片 6 组
对角线视角：46°
调焦系统：微型超声波马达，全时手动对焦
最近调焦距离：0.45 米，0.15 倍放大率
滤镜口径：58mm
最大直径×长度：73.8 × 50.5(mm)
重量：290 克
遮光罩：ES-71
（参考价格：2380 元）

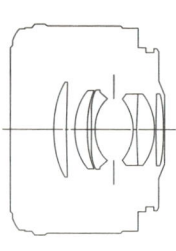
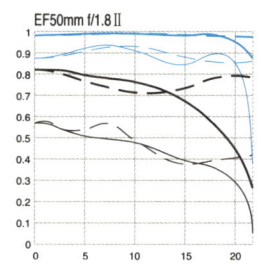

EF 50mm f/1.8 II 详细规格：

焦距和最大光圈：50mm，f/1.8
光学结构：6 片 5 组
对角线视角：46°
调焦系统：微型线型马达
最近调焦距离：0.45 米，0.15 倍放大率
滤镜口径：52mm
最大直径×长度：68.2 × 41(mm)
重量：130 克
遮光罩：ES-62
（参考价格：680 元）

摄影：刘展耘，Photo by Liu Zhanyun
EOS 1Ds Mark II 机身，50mm f/1.4 镜头，手动曝光，f/22 光圈，1/50 秒快门，ISO 100

EF50mm f/1.4 USM

几乎全世界所有的 50mm f/1.4 镜头都采用了经典的双高斯型设计，这支镜头也不例外。

两片高折射镜片带来非常好的像质，最大光圈下的眩光被减到极弱。虽然在色彩和耐用性上不能和 L 系列镜头相比，但它依然是一支讲求平衡性和性价比的镜头，在获得高清晰度的影像质量的同时可以提供相当漂亮而真实的背景虚化效果。微型超声波马达的使用提供了高速、安静的自动对焦，同时还保持了全时手动对焦。

厂方宣布它的色彩平衡与 ISO（国际标准化组织）的推荐参考值是完全一致的，我个人觉得略显清淡。有些人觉得它的调子有点冷。

我谨慎地推荐它在最大光圈下使用，当光圈收小到 f/2 之后在影像上会带来耳目一新的感觉，特别是如果之前你一直使用变焦镜头。分辨率方面，从测试结果看，最大光圈时中心部分和最佳光圈其实不大，只是因为反差低，所以感觉没那么好。不过最大光圈时四角的成像和中心实在差距太大了。当然，这差不多是所有标准镜头的通病，按照我个人的接受程度，在 f/2.8 之后它的分辨率均匀性问题能得到比较好的解决。

和其他标准镜头一样，这支镜头在 APS-C 尺寸感应器的数码相机（400D 或 30D）上可以作为大口径人像镜头使用，而价格并不是很昂贵。这似乎比在全画幅相机上使用它更有价值。

EF 50mm f/1.8 II 高性价比推荐

EOS 系列中最便宜的定焦镜头，经典的对称 6 片 5 组标准镜头光学结构，相对于它的价格，很多爱好者认为它绝对有物超所值的影像质量。客观地说，虽然存在轻微可视的桶形畸变和相当稀松的四角成像，但是它依然可以从无穷远到 0.45 米最近调焦距离的整个对焦范围中提供清晰而又柔和自然的表现力。

这支镜头的成像效果相当有趣：最大光圈时有着明显的暗角，中心分辨率很高而四角相当松散，用好了倒也有很酷的效果。而四角成像不高的顽疾一直到 f/8 都挥之不去，所以强烈建议你使用比较大的光圈时把拍摄主体尽量放在比较靠近中央的位置。不过光圈收小到 f/11 或者 f/16 还是可以带来非常锐利的画面质量——当然边缘成像你依然不要太苛求。

对焦系统使用一个简单的凸轮马达，虽然没有使用 USM 马达，但是也可以实现迅速和相对宁静的自动对焦，并达到了 130 克的超轻重量。尤其要提到，它的中性色彩平衡或许对有些摄影者来说有些清淡，但是它达到了与国际标准化组织推荐数值几乎相同的色彩还原水平。

摄影：刘展耘，Photo by Liu Zhanyun
EOS 1Ds Mark II 机身，50mmf/1.8 镜头，手动曝光，f/7.1 光圈，1/60 秒快门，ISO 100

  EF50mm f/1.8 II 在 APS-C 尺寸感应器的数码相机（400D 或 40D）上使用折合 80 毫米的焦段，因此非常适合作为一支焦段合适又拥有较大光圈的人像镜头（详见"花絮：人像镜头"，P49）使用。同时很重要的一点，它是 EF 定焦镜头中价格最便宜的，因此花钱不多，你就可以得到一支与标准变焦镜头的使用方式完全不同的定焦镜头，其中独有的乐趣可以让每个人都轻易享受到。这也是 EF50mm f/1.8 II 的独特魅力。

  考虑到多数摄影爱好者都对人像拍摄有兴趣，这支镜头也是最早推荐给 APS-C 尺寸感应器的数码相机用家的镜头之一。无论你的第一支镜头是套机的镜头还是更好的 17－40mmL，无论你打算为你的朋友拍摄肖像还是捕捉孩子的有趣的生活瞬间，如果你不苛求顶级的光学质量，使用强度又不高（也就意味着对它的耐用性的要求不高），考虑到 APS-C 尺寸感应器的数码相机的价格配套问题，这支镜头比其他昂贵的镜头更值得推荐。

85 毫米中长焦镜头

最常用的人像镜头，生活中的每一个影像看起来都靓丽、自然

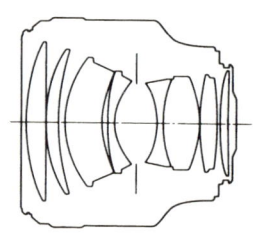

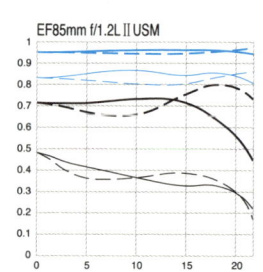

EF 85mm f/1.2L Ⅱ USM 详细规格：

焦距和最大光圈：85mm f/1.2
光学结构：8 片 7 组
对角线视角：28 度 30'
光圈叶片：8
最小光圈：f/16
自动对焦机制：环形超声波马达 Ⅱ型
最近调焦距离：0.95 米，0.11 倍放大率
滤镜直径：72mm
最大直径×长度：91.5 × 84.0 (mm)
重量：1025 克
遮光罩：ES-79 Ⅱ （附送）
其他：不可以使用 EF1.4x Ⅱ 和 EF2x Ⅱ 增距镜
（参考价格：13880 元）

摄影:赵嘉,Photo by Zhao Jia
EOS 1Ds Mark II 机身,85mmL II 镜头,光圈优先,f/2 光圈,1/250 秒快门,ISO 400
印度尼西亚、巴厘岛、乌布的民间舞蹈。85mmL 锐利的焦点、近乎完美的焦外成像和色彩表现一览无遗。

◉ EF 85mm f/1.2L II USM

一款超高速、高质量的中焦距镜头,具有同焦距镜头中最大的光圈孔径,亦是人类目前最好的人像镜头之一,EF 系列中最名副其实的顶级镜头之一。

85 毫米镜头各个厂家几乎都有生产。从设计上看,多数 85 毫米镜头都是从标准镜头的双高斯结构改进而来的,卡尔·蔡司的 plannar 85mm f/1.4 依然是很多类似规格镜头的标杆,也是各家人像镜头参照的主要标准。但是 plannar 85mm f/1.4 也是一支牌气有点怪的镜头,它在最大光圈的分辨率并不高,反差也不高,但收小光圈后会变得非常好(实际上多数大口径人像镜头都有类似的特性)。对此,评价分为两派,一派认为它在最大光圈时并没有太多的使用价值;而另一派则认为,最大光圈的分辨率虽然不高,但是它的焦外成像很好,而且有特殊的韵味,况且它可以在收小光圈时得到非常锐利的影像,这就意味着在一支镜头上可以得到两种风格的影像,这是一件好事情。

不过,随着镜头设计技术的进步以及需求的改变,人们对于人像镜头的期望和观念也在发生变化。差不多十年前卡尔·蔡司还出过一款限量的 plannar 85mm f/1.2,在最大光圈时就有非常惊人的高质量影像。可以想象,价格极其昂贵,没办法,德国造的(不过说实话,这种镜头也不是给摄影师工作用的)。幸好,还有其他的选择,这就是佳能的 EF 85mm f/1.2L USM。

大口径镜头无疑是昂贵的,但是厂家还在不断推出更大口径的镜头,为什么呢?一方面大口径镜头可以提供在更暗环境下的现场光摄影,而很多摄影师更看中的恐怕还是大口径镜头不一样的视觉效果。这一点在中焦人像头上更明显,由于人像头无论对于业余摄影爱好者还是职业摄影师都很常用,因此各家镜头厂商在人像镜头上展开了非常激烈的竞争。很多厂家都有自己得意的 85 毫米镜头,佳能在这个焦段拥有最大光圈的 EF 85mm f/1.2L II USM。

第一代的 EF 85mm f/1.2L USM 镜头是 1988 年推出的,同时推出的还有另外两支顶级镜头:EF 50mm f/1.0L USM 和 EF 200mm f/1.8L USM,而那时候佳能还没推出专业顶级机呢。

EF 85mm f/1.2L USM 使用的是 8 片 7 组的结构,光学结构中一片大直径磨制非球面镜片(第三片)用于校正球差,同时,两片高折射率镜片被用来使其光学系统的能力分配达到最优化,从而实现在各级光圈下都能达到极少的眩光和高反差的影像再现。在进行中近距离的拍摄时容易产生的强烈彗差也被浮动镜片结构校正。

既然是 f/1.2 的光圈,f/1.2 时的表现肯定就是最重要的。可以想象,不会有疯子花那么高的价钱去买一支 f/1.2 的镜头,然后总是收小到 f/11 去用它。对于这种镜头,谈论收小两三挡之后的最佳光圈什么的是没意义的。最大光圈下的中央解像力已经超过很多定焦镜头在最佳光圈时候的解像力了。f/4.0 之前光圈下四角的分辨率一直不高,之后则得到飞跃性的提高,不过,这个信息其实不是太有用。在它擅长的人像领域,使用这支镜头的有经验的摄影者其实不是人看重这些。

人像镜头

人像镜头通常是指从75毫米至135毫米的大光圈镜头。

人像镜头的视角相当于人眼近距离专注地观察物体的实际效果,它自然的视角和大光圈下虚化的效果使它们成为人像摄影的理想选择。无论是模特的全身像、半身肖像或者只有头和肩部分的近景人像,都非常适于用这种镜头表现。

另外,由于人像镜头多数拥有比较大的光圈,很容易将物体从背景中脱离出来从而对主体加以强调,因而使得影像更容易具有"镜头化"的特性。即便如此,由于人像镜头的视角和人眼的主观感受非常接近,它依然很容易还原出人们对这些画面的真实体验。

同时你也可以利用镜头本身的大光圈,来拍摄自然、明晰的薄暮和室内景象。这种十分吸引人的能力是变焦镜头所无法达到的。

而在人像镜头中,85毫米镜头因为可以把光圈做得更大(达到f/1.4甚至f/1.2),因此也是最常见的人像镜头,各个摄影器材品牌对它都非常重视,几乎每个厂家的85毫米镜头都是自己的看家镜头。

使用更长的镜头作为人像镜头则可以得到更强烈的压缩效果,当然也需要在稍微远一点的地方拍摄,因此带来的改变并不能简单地用好或者不好来概括。比如使用135毫米镜头拍摄人像,拍摄全身肖像时距离需要比较远,如果在影室内会有些不便,而对于一些报道摄影师来讲,题材决定很多时候你不方便接近被摄者拍摄(想想那些陌生地区带着头巾和面纱充满神秘感的妇女),135毫米镜头可以在稍远距离拍摄特写反倒成了优势。

另外要提到的是,处于75毫米至135毫米的大光圈镜头未必都会被称作"人像镜头",比如在100毫米左右的微距镜头是否适合拍摄人像上就存在着相当大的争议。微距镜头在设计上会更倾向于细节的刻画能力以及近距离像场的平整,所以很多人认为它过于"纤毫毕现"了,不符合传统人像的审美需求。很显然,持类似观点的人不在少数,否则,佳能也不会出带柔焦功能的EF135mm f/2.8柔焦镜头,尼康也不会有DC镜头,而罗敦斯德的Imagon柔焦镜头也不会成为经典了。

不过,我个人并不认为主流的看法就一定是正确的,一位顶尖的人像/明星摄影师闻晓阳先生一直在使用微距镜头拍摄人像作品。在这里我也想再次声明,本书阐述的观点和这个案例的情况一样,都不能说只有一种方式是最好或者唯一正确的。

85 毫米镜头

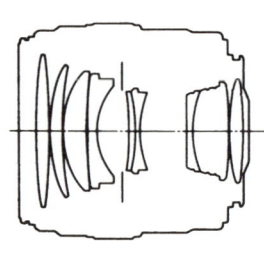
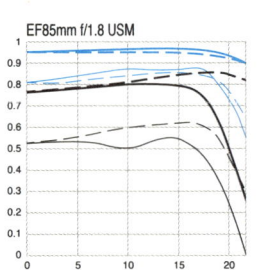

EF 85mm f/1.8 USM 详细规格：

焦距和最大光圈：85mm f/1.8
光学结构：9 片 7 组
对角线视角：28 度 30'
最小光圈：f/22
光圈叶片数：8
自动对焦机制：环形超声波马达，全时手动对焦
滤镜口径：58mm
最近调焦距离：0.85 米，0.13 倍放大率
最大直径×长度：75 × 71.5（mm）
重量：425 克
遮光罩：ET-65 III
（参考价格：2650 元）

◉ EF 85mm f/1.8 USM 高性价比推荐

这款镜头最显著的特点是它出色的便携性。虽然光学性能远远不能和传奇的 EF 85mm f/1.2L Ⅱ USM 相比，但是 EF 85mm f/1.8 USM 也有不错的锐度和很好的焦外虚化效果——显然至少要超过变焦镜头，像场均匀度又非常好，而且价格相当可人，所以一直受到摄影爱好者以及务实的摄影师的强力追捧。

后组调焦系统为从最大光圈起的每一级光圈都带来了锐利、清晰的影像。f/2.8 时的锐度已经很实用，而收小光圈后会在全画面上带来成像质量均衡的提高，在 f/11 达到最佳光圈。

迅速、宁静、准确的自动对焦系统也因全时手动对焦带来的附加调整而得到了完善。辅助手动对焦对于人像镜头非常重要，当拍摄人像时，甚至像将焦点从睫毛顶端移到眼睛本身这样的细微调整都经常遇到。精确的对焦可以带来细微而又明确的、具有表现力的影调变化。作为一支 f/1.8 的镜头，它能够达到的自然柔和的虚化效果同样是非常吸引人的。

同时，由于在调焦时镜头长度不会改变，不会旋转的第一片镜片使运用遮光罩时更加简单，因此这款镜头的操控性也是非常出众的。

EF 85mm f/1.8 USM 在数码时代受到了新的欢迎。对于不少使用 APS-C 传感器的数码相机（比如400D或者30D）的用户来说，它常常比EF70-200mm f/2.8L USM 或者EF70-200mm f/4L USM 都更适合人像的拍摄，尤其在室内和人工光环境下，毕竟它有更大的光圈，定焦镜头的质量也勿庸置疑。另外，它也比上述两支镜头更便宜。

也有很多摄影师拿它和 70 – 200mm L 之类的变焦镜头搭配使用。EF 85mm f/1.8 USM 的色彩还原谈不上有什么特色，不过，对于需要借助数字化处理的商用摄影来说也不是大的问题。特别要提到的是，它也是 EF 系列早期设计制造的一款镜头，因此做工非常扎实！我也见到过一些要求高质量图片又希望轻装上阵的报道摄影师在使用它。

只提醒一点，它在最大光圈时的解像力真的不高，加上设计年代过早，在数码相机上使用如果遇到高反差的情况容易出现紫边。

摄影：刘展耘，Photo by Liu Zhanyun
EOS 1Ds Mark II 机身，85mmf/1.8 镜头，手动曝光，f/9.1 光圈，1/40 秒快门、ISO 100

100毫米中焦镜头

通过自然捕捉被摄体来完美地满足摄影者的创意。

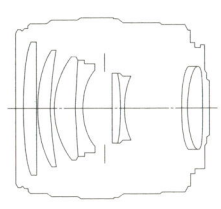

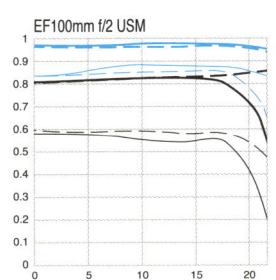

EF100mm f/2 USM 详细规格：

焦距和最大光圈：100mm，f/2
镜头构造：8片6组
对角线视角：24度
调焦系统：环形超声波马达，后组调焦系统，全时手动调焦
最近调焦距离：0.9米，0.14倍放大率
滤镜口径：58mm
最大直径×长度：75 × 73.5（mm）
重量：460克
遮光罩：ET-65 III
（已停产）

和85毫米镜头相比较，100毫米镜头的特点在于其类似于人近看物体的角度。同时它还具有更显著的压缩景深的作用。这一作用使被摄体和背景构成一种超现实的关系，让被摄体更加突出，可以根据摄影者的意图来突出被摄体。由于这种镜头可以让主体更加明显而不用让镜头物理上靠近被摄体，因此人物肖像摄影就变得更加简单，因为模特可以很放松也更加自然，而不用去顾及距离她特别近的照相机。

EF100mm f/2 USM

如果你想让照片看起来更真实自然——无论是在风光摄影、人物摄影还是在街头抓拍中——这款大光圈、中等焦距的镜头都很理想的，而且也很轻便。

这镜款头使用的是中焦镜头常用的后组光学对焦系统，除了提高对焦速度以外，也有利于充分补偿各种光学缺陷，使影像更加出色，拍摄的画面锐丽、清晰，甚至在最大光圈的情况下也有不错的表现。许多人像摄影的创意和想法都倾向于自然柔和的效果，使得这款镜头有很大的用武之地。这种镜头带来快速、安静的USM自动对焦和顺畅、手感极好的全时手动对焦模式。像EF85mm f/1.8USM镜头一样，这种镜头具有恒定的镜头长度和较宽的手动调焦环和不旋转的滤镜以及遮光罩接口，这使其操控性能更加出色。

柔焦镜头
强调主体美感的人像摄影的最佳选择

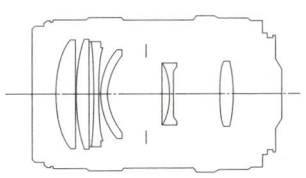

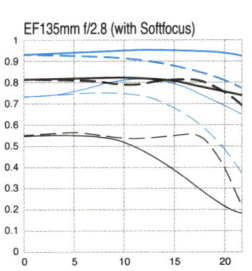

EF135mm f/2.8 柔焦镜头详细规格：

焦距和最大光圈：135mm, f/2.8
镜头构造：7片6组
对角线角度：18度
调焦系统：带线性马达的后组自动对焦系统
最近调焦距离：1.3米，0.12倍放大率
滤镜口径：52mm
最大直径×长度：69.2 × 98.4（mm）
重量：390克
遮光罩：ET-65 III
（参考价格：3500元）

摄影：盛北星，Photo by Sheng Beixing
EF135mm f/2.8 柔焦镜头

    利用柔光技术拍摄女性人物肖像和花卉可以形成一种神秘的美感。在人像摄影中，柔光技术可以柔化模特的轮廓以及皮肤的色调，这在图片摄影和电影摄影一百多年的历史中一直被使用。

    柔光技术的使用可以通过好几种方式。最简单的方式是在拍摄时或者放大照片时使用柔光镜来形成一种柔光的效果。

    这些柔光镜表面比较粗糙，会分散进入镜头的光线以形成看起来有层薄雾罩在景物上的效果。比较直观的效果可以参考电影《北非谍影》（又译作《卡萨布兰卡》），大美女英格丽·褒曼（Ingrid Bergman）几乎所有的镜头都是加用柔光镜的效果，而和他配戏的男主角则都是不加柔光效果的，这在两人演对手戏的时候显得非常有趣。

柔光镜的特点是它可以全面柔化拍摄到的景物，而柔焦镜头则不同。柔焦镜头的影像表现力在于制造一个独特而美丽的世界，它可以用模糊的光晕为主体蒙上一层面纱，这种光晕可以突出主体，同时可以始终保持主体焦点的锐利。这种效果和柔光镜完全不同。

柔焦镜头的秘密在于它有效地控制了镜头的球形像差（球差）。球差是镜头设计中一个让人烦恼的问题，通常它会引起模糊主体的结果，降低镜头的锐度并且严重降低边缘的成像。所以通常在镜头设计中设计者总是希望减少球差来获得更锐利的影像。不过，例外也是有的，柔焦镜头就是运用球形像差原理来进行特殊设计的。

和一般人想象的不同，在风光摄影和花卉摄影中，柔焦镜头也有用武之地——它能形成一种魔幻般的氛围。

EF135mm f/2.8 柔焦镜头

这支特别的镜头是EF系列中唯一内置了特殊的柔焦功能的镜头，是一支利用球形像差原理以拍出柔和影像的中焦镜头，很显然主要用途是在人像拍摄领域。

这款镜头有两挡柔化效果可以选择：1-弱、2-强。另外，还有0挡，这时候使照片具有正常的锐度。1、2挡柔焦配合精确的光圈调节可以更加准确地控制你想要的柔焦效果，虽然理论上你可以通过景深预测看到效果，不过通常并不是真的很实用，还是推荐你通过数码相机的回放功能放大图像检查实际效果。影像的柔焦效果最适合于唯美的人像摄影和风光摄影。它使得部分影像清晰，而又被适当程度的光晕柔化，会有相当的感染力。

（根据厂方提供的资料，不仅理想的柔光效果能通过按照需要的柔化程度调整内部非球面镜片来实现，而且还能消除由于距离的变化带来的误差波动，并且不用麻烦去考虑对焦点进行补偿，自动对焦系统会根据最适当的柔焦效果来对主体进行恰当的对焦。）

135 毫米中焦镜头

把主体最重要的部分突出出来而又不失背景的表现

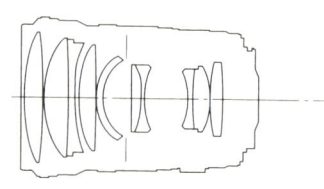

EF135mm f/2L USM：

焦距和最大光圈：135mm，f/2
镜头构造：8 组 10 片
对角线视角：18 度
调焦系统：环形超声波马达，后组调焦系统，全时手动调焦
最近调焦距离：0.9 米，0.19 倍放大率
滤镜口径：72mm
最大直径×长度：82.5 × 112（mm）
重量：750 克
遮光罩：ET-78（附送）
（参考价格：6930 元）

摄影:赵嘉,Photo by Zhao Jia
EOS 1V 机身、135mmL 镜头、手动曝光、f/4 光圈、1/500 秒快门、富士 RDP Ⅲ 胶片
波兰

中长焦镜头最有利于用一种简单、直接而不加修饰的方式来表达摄影者的感觉。摄影者的意图很容易通过选择让什么包含在作品里,以及以何种方式包含在作品里来表现。你可以去掉任何不需要的细节,并且得到你想要的自然的表达。这要归功于相机和主体之间恰当的距离。

你可以选择让主体不受周围物体的影响,来强调主体或者主体的一部分。同时,利用中长焦镜头小景深的特点,你还可以通过景深的控制来加深这种效果。

而以上这些优势都很容易在 135 毫米镜头上体现,而且比其他更长的镜头更加容易掌握,使 135 毫米镜头和其它中焦镜头一起成为人像摄影的首选。

同时,它也是客观抓拍的理想工具,例如抓拍朋友的照片或者小孩在院子里玩耍嬉戏等等。另外,通过压缩景深强调狭窄的视角形成的紧密效果,不仅用于人像摄影,在有限度地利用镜头提供的压缩透视时你也可以想到它,这在风光摄影和自然摄影中都会经常被使用。摄影教材中拍摄一排排盛开的鲜花、树木或者栏杆的照片经常是用这种镜头完成的。

这个焦段的镜头本身的长度不长,使得它更加轻便,很多厂家的 135 毫米镜头都具有很高的性价比(这的确是一个很有趣的现象),对于学习如何使用中长焦镜头来说是理想之选。

▣ EF135mm f/2L USM

首先我需要强调这是一款拥有极高素质的镜头。同时,虽然有着相当完美的成像质量,它的价格却相当平实,是 L 系列中性价比最高的镜头之一!

这款镜头拥有 f/2 光圈的大通光量,因此拍摄的范围相当广泛。对于人像摄影来说,可以拍出漂亮的影调和头肩比例;如果你喜好拍摄舞台演出和室内体育运动,这支镜头也是再理想不过的。而这都有赖于通过镜头的大光圈和最小焦距(0.9 米)来实现。两个超低色散(UD)镜片的运用很好地补偿了色散并保证了高锐度的画面质量。虽然在最大光圈下焦外成像存在轻微的二线性,但是它各档光圈下的总体成像依然可以得到极高的评价。轻巧的机械元件使它成为同类镜头当中最轻的(750g)。环状 USM 马达和后组调焦系统保证了快速和安静的自动对焦。它的高速对焦能力对于另一支 L 系列人像镜头 EF 85mm f/1.2L II USM 来说实在是巨大的优势(刻薄一点地评价,EF 85mm f/1.2L II USM 的自动对焦性能对于很多人来说可能真的不如手动对焦快和好用)。出色的性能平衡使这种镜头成为一款极易操作的镜头。

另外一个优势,它的最近对焦距离是 0.9 米,放大倍率达到了 0.19 倍。

同时它的像场均匀度异常出色。最大光圈下四角和中央都可以得到非常高的分辨率。和另一支"神镜"EF 85mm f/1.2L II 相比,两者的中心分辨率从最大光圈一直到 F/5.6 都差不多,但是在四角上,EF 85mm f/1.2L II 比 EF 135mm f/2L 差得实在太远了!

由于有足够大的光圈,所以它支持两款增距镜:EF1.4 × II 或者 2 × II。加装了增距镜之后它可以作为自动对焦的 189mm f/2.8 和 270mm f/4 镜头拍摄,这是其他 L 系列人像镜头不具备的优势。

200毫米镜头

充分利用景深压缩来加强影像的
紧凑感和表现力

EF 200mm f/1.8L USM 详细规格：

焦距和最大光圈：200mm，f/1.8
光学结构：12 片 10 组
对角线视角：12°
最近调焦距离：2.50m，0.09 倍放大率
最小光圈：22
光圈叶片：8
滤镜口径：48mm（后置落入式）
最大直径×长度：130 × 208（mm）
重量：3000 克
遮光罩：ET-123（附送）
其他：AF 时不能实现全时手动
(已停产)

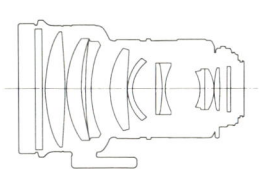
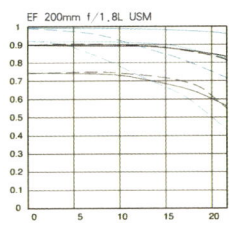

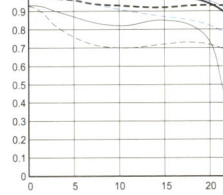

EF 200mm f/2L IS USM 详细规格：

焦距和最大光圈：200mm，f/2
光学结构：17 片 12 组
对角线视角：12°
最近调焦距离：1.9m，0.12 倍放大率
最小光圈：f32
光圈叶片：8 枚
滤镜：52mm（后置落入式）
最大直径X长度：128 × 208（mm）
重量：2520g
遮光罩：ET-120B
镜头盖：E-145B
（参考价格：39490 元）

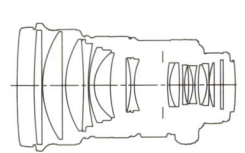

一旦一支镜头的焦距达到了 200 毫米以上，视角就变得非常狭小，景深压缩得也会相当厉害。这种镜头拍出的影像会更加引人注意，也会因此带来强烈的视觉冲击力——尤其配合大光圈的效果。

在高速运动的体育摄影中，为了渲染主体的效果长镜头是不可或缺的。同时，它也适用于时尚和人像摄影——典型的例子是 T 台秀，摄影师善于通过强调极小的景深带来漂亮的背景虚化效果，使服装或模特更加惹眼。

镜头焦距越长，景深就越小，这使得最大光圈下清晰的范围只在一个非常小的区域，同时使这一区域前后的每一样物体都虚化了。这就是我们在使用长焦镜头时应当常常用到的一个技术——用虚化的方式削弱背景，使其难以辨认，只将焦点放在你感兴趣的那一个点上。

EF 200mm f/1.8L USM

对 EF 200mm f/1.8L USM 的赞誉程度很难用语言来表达，它是 L 系列王冠上最璀璨的钻石，也是世界上光学质量最顶尖的自动对焦长焦镜头，在相近的领域目前全球无敌手。如果坚持要找，只能考虑德国原厂的手动对焦的徕卡或者蔡司镜头。不过在长焦段坚持使用大光圈手动镜头的人真的都是器材狂魔或者影像天才。

客观一点地介绍，它被哈苏实验室测试 MTF 后评为 35 毫米相机镜头中的第一名。作为一支口径这么大的镜头，力压所有其他品牌镜头的成像，包括多支德国和日本厂家的经典手动镜头，当然也包括所有理论上设计制造工艺最容易达到极限的标准镜头和中焦距微距镜头，坐上哈苏实验室测试的头把交椅，其出色程度简直不知如何言述。同时也是它很多摄影师极力推崇的非常实用的顶级镜头。

从规格和实际成像上来看，这都是一支有独特魅力的镜头。在最大光圈下，影像已经非常清晰明锐，而背景虚化效果更是其他镜头所不具备的。MTF 不能对色彩作出评价，但是这支镜头色彩也非常出众，这支镜头使用了 3 片 UD（第 2、第 3 和第 5 片）镜片，一方面能有效地降低残留色差，另外对色彩表现也有更好的贡献。

摄影：赵嘉，Photo by Zhao Jia
EOS 1V 机身，200mmf/1.8L 镜头、手动曝光、f/2 光圈、1/4000 秒快门、富士 RDP III 胶片
西藏，拉萨

在国外，也不是所有的摄影师和有钱的摄影爱好者都有兴趣和能力拥有太多的镜头，特殊的镜头通常也是昂贵的，尤其是大口径的"长炮"。对于国外的职业摄影师来说，偶尔使用的长焦镜头通常是去租赁店租来用的。我知道不少对图片质量要求非常严格的摄影师自己买的最贵的长炮就是这支佳能的 EF 200mm f/1.8L USM，很多在欧洲的时尚摄影师都在用它来拍商业片或者T型台的表演。

EF 200mm f/1.8L USM 重量达到 3 千克，还不算太重，没有 IS 功能，不过由于光圈够大，所以我还是经常手持它拍摄，它差不多也是我能够长时间手持拍摄的上限了。不过，手持拍摄时精确构图确实不是很容易，所以还是推荐你使用三脚架，如果觉得麻烦好歹用个独脚架吧。

虽然已经被认为几乎是一支非常完美的镜头，但实际上 EF 200mm f/1.8L USM 的设计并不是很新。1988 年上市，是早期的 L 系列镜头，之后再没有改款，这一点从它镜身上的按钮设定上就能看出来，包括单点的焦点记忆按钮，居然还有蜂鸣器和蜂鸣器开关。如果一定要找一个明显的缺点，它和 EF 50mm f/1.0L USM、EF 85mm f/1.2L USM 一样，在自动对焦时是不能全时手动补正的。

由于光圈很大，EF 200mm f/1.8L USM 配合增距镜也可以有很好的效果。可惜的是由于在 200 毫米使用定焦镜头的摄影师越来越少，而且成本很高，前几年它已经停产。等很多器材发烧友意识到这是 L 系列里最"牛"的一支镜头时，任凭你砸锅卖铁也很难淘到一支新的 EF 200mm f/1.8L USM 了。

■ EF 200mm f/2L IS USM

这支镜头的前一代，传奇的 EF 200mm f/1.8L USM 上市于 1988 年，那是 L 系列最早的三只定焦镜头之一。经历了近 20 年风光无限的生活，2007 年 10 月，佳能预报了其升级版本——EF 200mm f/2L IS USM。不过，实际上在此之前很多年，EF 200mm f/1.8L USM（下文本页内或称为"老款镜头"）已经买不到了。

由于老款镜头的成像质量已经臻于完美，所以 EF 200mm f/2L IS USM 推出前想必设计师的压力也不小。EF 200mm f/2L IS USM 的光学结构是全新设计的，采用了 17 片 12 组（原来是 12 片 10 组）的光学结构。使用了 1 片特殊工艺的萤石玻璃镜片和 2 枚超低色散（UD）镜片，因此这支镜头对色差的控制更好一些，这是光学上唯一比前一代有重要进步的地方。在这样的镜头上用萤石玻璃，也差不多是佳能目前最有效的"撒手锏"了。

另外，采用新的镜头结构和 IS 技术的使用也有很大的关系。而 IS 技术的使用，在我看来，才是新款 EF 200mm f/2L IS USM 镜头最大的进步。拖了这么多年，佳能终于在这支顶级 L 系列镜头上使用 IS 影像稳定器了！厂家宣布它使用的是最新型的 IS 防抖技术，按照官方的说法已经可以达到相当于提升 5 档快门速度的稳定效果了，是目前佳能最高水准的 IS 技术。

新光学结构使得最近对焦距离缩短为 1.9 米，比前一代产品近了 0.6 米，这也是一个比较重要的改进，因此最大摄影倍率到了 0.12 倍。使用新设计的 8 枚光圈叶片，非常的圆。EF 200mm f/2L IS USM 的体积和前代几乎没有差别，不过因为主要部件采用了镁合金，重量下降到了 2520g——手持拍摄者的福音啊。

当然，还有一些可以预先想到的小改进，包括使用更圆的光圈让背景虚化得更自然一点，以及为适应数码化而优化了镜片镀膜，镜片位置的调整也是为了更有效地抑制来自 CMOS 反光造成的鬼影和眩光。另外，对我个人很重要的是进步，新款镜头终于有在大雨中拍摄的防尘防水性能了。

操控方面，最大的进步是，新款镜头终于可以全时手动对焦了，这方面就显出老款的 200mmf/1.8L 还是太早出的镜头了。全时手动对焦对于人像、野生动物或者体育摄影都非常非常的重要。另外，镜身上设置了 4 个对焦启动/停止按钮，均匀围绕镜头一圈，这样无论横拍竖拍都能很方便地操作，而老款镜头只有一个对焦启动/停止按钮。

EF 200mm f/2L IS USM 镜头的 AF 速度非常快，这主要得益于 f/2 的大光圈。不过，要提到的是，其实相对于前一代 EF 200mm f/2L IS USM 的对焦速度还略有提高，厂家解释说是超声波马达技术有新的进步。

光学表现方面，分辨率上 EF 200mm f/2L IS USM 保持了前一代产品惊人的细节描绘能力。全开光圈的时候已经非常好，中心分辨率甚至比前一代稍胜。中心分辨率在收小一级光圈下已经和最佳分辨率相差无几，从 f/4 开始，相场的均匀度就已经非常完美了，可以持续到 f/11。需要多说一句，虽然它最小光圈达到 f/32，但是如果你使用的是超过 2000 万像素的相机，由于衍射的影响，不建议你使用小于 f/16 的光圈。

要特别提到的是，老款镜头和新镜头对于形体的描绘能力都非常强，再加上大光圈带来的视觉效果，使得这两支镜头对于空间感的表现令人印象非常深刻。200mm f/1.8 或者 f/2 的镜头在全开光圈在最近距离对焦时，景深不足 20 毫米，这是一种异乎寻常的虚化效果，因而也一向被爱好者们所津津乐道，这方面我觉得这两支镜头之间没什么可以观察到的变化。

当然，最大光圈收小了 1/3 级，从过去的 f/1.8 变为现在的 f/2，变得和竞争对手尼克尔 AF-S VR 200mm f/2G IF-ED（一支更大、更重、更复杂的镜头）同样的规格。也许佳能现在比当年更务实也更有自信了，不用在意争夺最大光圈的"光环"了，但对于 EOS 的爱好者而言，缺少了独一无二的快感，多少还是有些遗憾的。

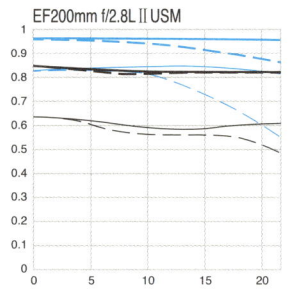

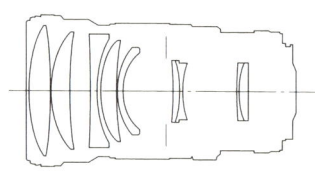

EF 200mm f/2.8L II USM 详细规格：

焦距和最大光圈：200mm, f/1.8
光学结构：9 组 7 片
对角线视角：12°
最近调焦距离：2.50m, 0.09 倍放大率
最小光圈：32
光圈叶片：8
滤镜口径：72mm
最大直径×长度：83.2 × 136.2 （mm）
重量：765 克
遮光罩：ET-83B II （附送）
（参考价格：3670 元）

EF200mm f/2.8L II USM

    这是一款轻便、紧凑的用于随身携带的长焦镜头。使用了两个 UD 镜片用于消除色散，色彩表现以清淡自然取胜。新型的后组对焦设计完全减轻了可移动镜片的总体重量并且提高了对焦的精确度和速度，据称也会减少对焦误差。环形超声波马达带来了敏捷而安静的 AF 模式。

    由于佳能自家的多支 70-200mmL 镜头涵盖了 200 毫米焦段，而且也可以达到 f/2.8 的光圈，所以这支没有 IS 功能的镜头谈不上有非常致命的吸引力，但它以在全程对焦距离上出色的锐度和清晰的影像而闻名（变焦镜头在最长焦段的成像显然没有那么好），而且背景虚化也显得更自然。另外，它也是 L 系列镜头中最便宜的之一，尤其在二手市场上，因此用不多的钱感受一下 L 系列长定焦镜头的魅力还是件合算的事情。

300 毫米镜头
强烈压缩景深效果的吸引力

EF300mm f/2.8L IS USM 详细规格：

焦距和最大光圈：300mm，f/2.8
光学结构：17 片 13 组，（护镜和落入式滤镜也包括在内）
对角线视角：8°15′
调焦系统：环形超声波马达，后组调焦系统，全时手动对焦
最近调焦距离：2.5 米，0.13 倍放大率
最小光圈：32
光圈叶片：8
滤镜口径：52mm 落入式
最大直径×长度：128 × 252（mm）
重量：2550 克
遮光罩：ET-120（附送）
（参考价格：37660 元）

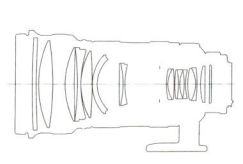
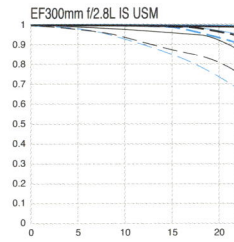

EF300mm f/4L IS USM 详细规格：

焦距和最大光圈：300mm，f/4
光学结构：15 片 11 组
对角线视角：8°15′
调焦系统：环形超声波马达，后组调焦系统，全时手动对焦
最近调焦距离：1.5 米，0.24 倍放大率
滤镜口径：77mm
最大直径×长度：90 × 222（mm）
重量：1190 克
遮光罩：内置
（参考价格：10960 元）

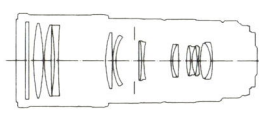
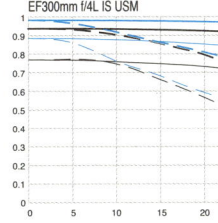

摄影：奚志农，Photo by Xi Zhinong
EOS 1N 机身，300mmf/4L IS 镜头加 1.4x 增距镜
牛背鹭，云南大理。鹭类是很多摄影爱好者非常喜欢拍摄的题材，特别是在繁殖期。它们归巢时都有固定的路线，因而能拍到一些很漂亮的画面。

一支超级望远镜头可以给照片带来强烈的生命力,它可以轻易超越人眼的观察力并据此拍摄出具有强烈视觉冲击力的照片,这些照片给人以强烈的景深压缩感。300mm 正是超级望远镜头的起点,300mmf/2.8 的规格很长时间内基本就是超级长炮的代名词,超级镜头的所有特点在它身上一览无余。最近二十年,由于超级望远镜头被越来越多地应用在各个不同的拍摄领域,因此 EF 系列更加重视轻便紧凑的设计,辅以 IS 技术,使得 EF 系列的 300 毫米超级望远镜头也具备了相当的手持拍摄运动物体的能力。

300 毫米镜头的应用面非常广,不仅仅在运动场四周,其他很多领域的摄影师,包括野生动物摄影、报道摄影、时装摄影等等领域都会有使用它的机会,因此佳能的 300 毫米 L 系列镜头有多支:EF 300mmf/2.8L USM 是 L 系列最早的一批镜头,而且是第一款使用 USM 技术的 EF 镜头。经过数代的更新,最新一代的 EF 300mmf/2.8L IS USM 依然是很多体育记者很喜欢的镜头。300mm f/4 对于很多需要轻便器材的摄影师(比如人文地理摄影师、野外摄影师)来说是很有吸引力的镜头,而 EF 系列中有两款此规格的镜头,其中带 IS 功能的比较新。

◉ EF300mm f/2.8L IS USM

300 毫米镜头是佳能公司的看家焦段之一,历来为 EOS 系统所重视。

这支新一代的大口径 L 系列镜头在光学上进行了全新的设计,集佳能所有影像技术于一身,使用了 17 片 13 组的结构(之前两代都是 11 片 9 组的),1 片萤石镜片和 2 片 UD 镜片组成的影像系统能够彻底消除二级色差。高质量的画面在最大光圈时已经拥有了很高的反差,同时可以在中心以及四角得到几乎最佳的解像力。另外由于采用了大型的 USM 元件、内对焦系统以及新的运算方式,因此对焦速度是第一代 AF 款的 2 倍,佳能宣称它是世界上最快的自动对焦镜头之一。当然,它依然可以全时手动对焦,这对于长炮来说是必须的。

另外,因为使用了比较新的 IS 技术,可以使快门速度降低 2-3 挡拍摄,从而在不同情况下取得更好的拍摄效果。同时增加了适合连续拍摄的 IS 模式 2 和使用三脚架自动检测装置,更使得长炮的性能如虎添翼。最近拍摄距离为 2.5 米。

考虑到竖拍和操作的方便,在镜头上增加了 4 个自动对焦停止按钮加,它升级的焦点预设功能使操控更加便利。这支镜头改用了镁合金的镜身和碳纤维的遮光罩,镜身比上一代轻了 295 克。

这支镜头最前面是一块不参与成像的保护镜片,为了防止平面 UV 镜容易产生的重影和眩光,做成了有一定曲度的凹凸透镜。

这一款镜头也在按钮和接圈等处采用了防滴防尘设计,可以配合 EOS-1V 之后所有的专业机身在大雨中使用。

◉ EF300mm f/4L IS USM

EF300mm f/4L IS USM 的前身是不带 IS 功能的 EF300mm f/4L USM。EF300mm f/4L USM 在成像上已经非常优秀,而且应用面非常广,所以 EF 系列就拿它做了"小白鼠",成为最早使用 IS 功能的 L 系列镜头之一。

EF300mm f/4L IS USM 保持了前一代产品高质量的影像表现,又由于图像稳定器的帮助而具备出色的机动灵活性。在 IS 模式下，摄影者有两种选择：模式 1 是用于拍摄相对静止物体的；模式 2 用于追踪拍摄移动物体的。不过，它使用的是第一代 IS 技术，如果你在三脚架上使用，一定要关闭 IS 功能，它不能识别反光板升起和落下的震动，会出现一些怪怪的影像。

这支镜头使用 2 片 UD 镜片的光学设计能够彻底消除二级色差。另外要强调，它近至 1.5 米的最近拍摄距离在 300 毫米焦段镜头中显得非常突出，你甚可以尝试像微距镜头一样尽可能地近距离拍摄被摄体，这也显示出这支镜头是为更广泛的摄影领域而设计制造的。事实上，也的确有很多不同领域的摄影师喜爱它。

还要提到的是，图像稳定器在 EOS-1N 之后的 1 系列机型上使用 EF1.4X II 增距镜或者 EF 2 X II 时仍能发挥作用，从而提供 600mm 的拍摄能力。

多说一句，如果你并不在乎 IS 功能（比如经常拍摄风光），并考虑到二手市场上的价格因素，老款的但是更便宜一些的 EF300mm f/4L USM 也很值得推荐。

花 絮

IS 技术，稳定压倒一切

抖动是影像质量的大敌，那些喜欢现场光拍摄的摄影师会有更强烈的体会。在"稳定压倒一切"的大环境下，佳能公司的 IS 技术应运而生。IS 是英文 IMAGE STABILIZER 的两个词的字头，意为"图像稳定器"。

通常，手持相机拍摄时，难免会有各方面的原因引起相机振动。为了避免相机振动带来的不良影响，很多摄影书会说：基于"1/焦距"秒的快门速度，常被认为是在没有影像稳定系统的情况下手持摄影时快门速度的最低极限。也就是说，经过训练的摄影者手持 50 毫米标准镜头的相机，为保证拍摄质量，最低使用快门应为 1/50 秒。而

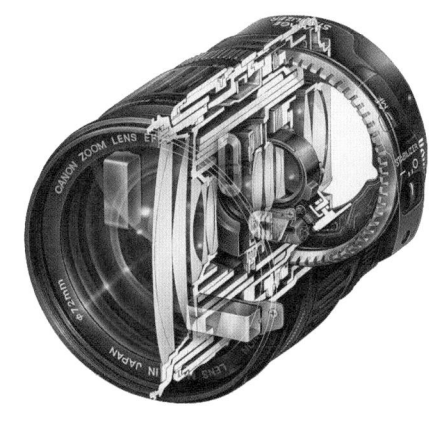

作为一个职业摄影师，大量使用的是比较细的低感光度的胶片，因此，三脚架成为摄影师身上的标志物之一。

由于带图像稳定器的镜头允许再降低两挡（甚至 3－4 挡）快门，所以若使用带图像稳定器的镜头，同样是 50 毫米的镜头，手持拍摄最低快门可达 1/15 秒。这样就等于给拍摄者创造了更多的机会，这就是佳能公司开发带图像稳定器镜头的实际意义所在，真的是大大地提高了拍摄的成功率，而且拓宽了镜头的使用范围。

IS技术是佳能发明的，但是最早它被使用在昂贵的广播级电视镜头上，而且使用的原理和35毫米相机的IS并不完全一样，只不过这个技术太成功了，佳能也就动了把它放在35毫米相机上的念头。

目前的图像稳定器技术包括两只陀螺传感器组成的检测单元、微处理器和光学修正系统三个部分。工作原理是靠两只陀螺传感器分别检测来自水平方向和垂直方向的振动，而且可以检测到相机振动的方向和大小，再将检测到的信号传送给微处理器；微处理器经过判断和计算，再对镜头的光学修正系统发出驱动指令，使光学修正系统向某一方向移动，（光学修正系统是一个由线圈驱动，可上下左右移动的光学透镜 组，其位置另由红外线装置检测定位），通过光学修正系统的补偿运动，使投射到焦平面的影像保持稳定。

佳能装了图像稳定器的镜头型号标注上，后面都有"IS"的字样，如：EF 300mm f/4L IS USM。

图像稳定器技术的开发也是具有划时代意义的。

第一次把影像稳定效果系统（IS）应用在EF镜头上具有相当的试验性质，所以第一款装备了图像稳定器的镜头不是L系列镜头，甚至不是定焦镜头，而是EF75-300mm f/4-5.6 IS USM变焦镜头。这就是第一代IS系统，第一代IS开始启动时间约半秒，一秒左右可以进入"稳定"状态，这时候按下快门会有最好的效果，可以在手持拍摄时用低于倒数规则的曝光时间2－3挡拍摄，推荐2挡比较安全。这样当然会给摄影师更大的手持拍摄范围，也就意味着可以使用更多灵活的拍摄方式，而能改变"拍摄方式"的技术突破是件让人很鼓舞的事情。

佳能EF75-300mm f/4-5.6 IS USM获得1996－1997年度TIPA最佳镜头奖。另外一支装备了图像稳定器的镜头EF 300mm f/4L IS USM镜头第二年也获得1997－1998年度TIPA最佳镜头奖，其实EF 300mm f/4L IS USM和前一代没有IS功能的EF 300mm f/4L USM相比成像质量并没有提高，得奖的原因也只是因为使用了IS技术。

【注：作为TIPA（全称Technical Image Press Association）是全球著名的专业机构，是由来自12个欧洲国家的31个出版社共同组成的专门协会，其宗旨是促进影像技术在欧洲的发展和应用。每年，TIPA都要评选出被认为是当年最出色的影像产品，而获此殊荣的产品则可以在宣传材料中使用获奖标记。】

300mmIS镜头上设有IS-1和IS-2两种模式选择，IS-1是全方向防抖动模式，适于通常的手持摄影；IS-2是横向定向防抖动模式，适于追随拍摄运动物体时的手持摄影，IS-2可以自动识别追随运动物体时相机的连续移动和手持相机常见的上下抖动，然后取消对追随摇动的IS补偿仅对上下抖动进行补偿校正，从而避免追随拍摄中出现不正常的影像效果。

在佳能的IS技术大获成功之后，其他厂家也相继开始推出自己的防抖技术。拥有类似技术的厂家还有使用镜头防抖的尼康和机身防抖的索尼（由原来美能达的技术发展而来），此外奥林巴斯和松下也都有自己的防抖技术。

这里要说的是，有些厂家在宣传上说自己的便携型数码相机上有"防抖技术"，实际上是依靠相机主动提高感光度来避免抖动。考虑小型数码相机提高感光度会带来画质严重的下降，我通常认为这是一种"伪防抖"，当然，如果你不在乎画质的下降，它的确能带来更清晰的图像（不过，如果不在乎画质，你看这本书干嘛啊？）。

IS镜头到现在一共有四代：

第一代从1995年开始，可以提供2级快门防抖。

虽然第一代IS效果不错，但是它也有一些不足，尤其在使用三脚架时要关掉IS功能，否则IS有可能（注意，是有可能）"当没有足够的运动被IS系统检测到的时候，镜头运动可能被某种电子反馈所影响，……使得照相机在三脚架上的时候IS镜头组被移动"，或者由于对反光板回落或其他相关部件的震动做出不必要的补偿，反而会降低成像质量。所以第一代IS在使用三脚架的时候要关上影像稳定效果开关，这样IS镜头组被锁死。

第一代的IS专指用在下面四支镜头上面的IS技术：EF 28-135mm f/3.5-5.6 IS USM、EF 75-300mm f/4-5.6 IS USM、EF 300mm f/4 L IS USM、EF 100-400mm f/4.5-5.6 L IS USM。

第二代从1999年开始，不仅可以提供2级快门防抖，而且开始有三脚架自动检测功能。在使用三脚架等稳定的摄影状态中，镜头会自动将IS补偿镜组锁定在光轴位置，防止错误补偿动作；而在使用独脚架时，IS功能会视相机的稳定程度正常发挥作用，这对于体育记者很重要。另外，当相机的自选功能设定为反光镜预升摄影模式时——意味着一定使用三脚架或者其他支撑系统——镜头的IS补偿动作也会自动取消。

第三代从2001年开始，可以提供3级快门防抖.有三脚架自动检测功能，半按快门后0.5秒IS补偿镜组即可达到最佳控制状态，比前一代IS快了一倍。

第四代从2006年开始，可以提供4级快门防抖，有三脚架自动检测功能。第一支使用这项技术的镜头是EF 70-200mm f/4L IS USM。

IS技术是EOS系列最重要的成就之一。如果有可能，我希望所有的L系列都能装上这项有用的技术，不仅仅在长镜头上，广角镜头也一样，因为广角镜头要更经常在室内使用，所以IS技术的采用也非常有必要。

从实际的使用来看，新的IS技术的镜头，效果更可以到3-4挡（比如新的EF70-200mm f/2.8L IS），不过，有一点非常重要，IS技术只是提高影像清晰的成功率（！！），并不能保证拍摄的所有的照片都是清楚的。按照我个人的经验，第二代IS在降低两挡拍摄时有超过95%的成功率；降低3挡可能有超过90%的成功率；4挡的时候大概也有超过60%的成功率。降低得再多，成功率就会下降很多了，但是你还是可以看出IS功能在发挥作用，说不定有时候还能起到意想不到的效果。所以，使用IS功能的时候，不论降低几挡，即便只是降低2挡，多拍几张还是有价值的，反正现在用数码相机又没什么成本！

400 毫米镜头
最具人气的超级望远镜头

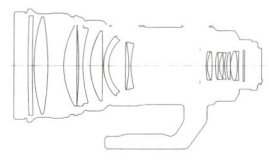

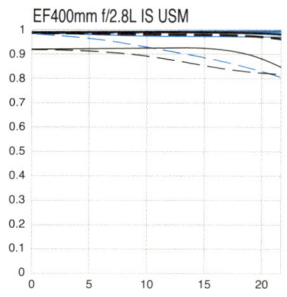

EF400mm f/2.8L IS USM 详细规格：

焦距和最大光圈：400mm，f/2.8
光学结构：17 片 13 组，（护镜和落入式滤镜也包括在内）
对角线视角：6°10′
调焦系统：环形超声波马达，后组调焦系统，全时手动对焦
最近调焦距离：3 米，0.15 倍放大率
最小光圈：32
光圈叶片：8
滤镜口径：52mm 落入式
最大直径×长度：163 × 349（mm）
重量：5370 克
遮光罩：ET-155（附送）
（参考价格：59770 元）

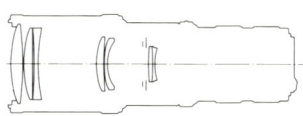

EF400mm f/5.6L USM 详细规格：

焦距和最大光圈：400mm，f/5.6
光学结构：7 片 6 组
对角线视角：6°10′
调焦系统：环形超声波马达，后组调焦系统，全时手动对焦
最近调焦距离：3.5 米，0.12 倍放大率
滤镜口径：77mm
最大直径×长度：90 × 256.5（mm）
重量：1250 克
遮光罩：内置
（参考价格：9370 元）

摄影：徐岩冰，Photo by Xu Yanbing
EOS 1D Mark II N 机身，400mmf/2.8 镜头，手动曝光，f/5.6 光圈，1/790 秒快门，ISO 200
曲棍球比赛

摄影：徐岩冰、Photo by Xu Yanbing
EOS 1D Mark II N 机身，400mmf/2.8 镜头，手动曝光，f/5.6 光圈，1/30 秒快门，ISO 200

400毫米镜头比300毫米镜头的景深压缩效果更明显，可以更好地把主体和背景分开，创造出更有视觉冲击力的照片。最近10年左右，在国际性的体育比赛上——无论是奥运会还是世界杯——400毫米镜头几乎成为摄影记者必备的器材。400毫米的超望远镜头捕捉那些富有表现力和强烈视觉效果的画面——无论是起跑线上运动员全神贯注的表情还是足球运动员争顶时候的冲突场面——都非常实用。

而它的用途也远远不止于此，超长的焦段可以令摄影者可以直接拍到以前很难拍摄的野生动物的特写，或者是一辆在拐角处风驰电掣的拉力赛车，风光摄影师也使用它准确地表现远处山顶的颜色和质地的结构。

◉ EF400mm f/2.8L IS USM

EF 400mm f/2.8L IS USM 是 L 系列新一代长焦镜头最典型的代表。

400mm f/2.8规格的镜头现在超受职业摄影师的追捧。在历史上300毫米镜头曾经是使用长焦镜头的摄影师的"标准镜头"，但是现在情况发生了很大的变化，比如拍摄足球等项目的体育摄影师多数从300毫米镜头改用了400毫米镜头；此外，它也是商用AF镜头能做到f/2.8规格的最长的镜头，因此也受到很多野生动物摄影师的喜爱。所以佳能一直很重视这个规格镜头的研发，之前L系列镜头有两款400mm f/2.8规格的镜头。而最新款的 EF 400mm/2.8L IS USM 是1999年上市的，当时已是L系列长镜头如日中天的时候，佳能一口气发布了四款镜头，还包括 EF 300mm f/2.8L IS USM、EF 500mm f/4L IS USM 和 EF 600mm f/4L IS USM。

这支镜头在光学上进行了全新的设计，使用了17片13组的结构（之前两代都是11片9组的），2片UD玻璃镜片和1片萤石玻璃镜片组成的影像系统能够彻底消除二级色差，产生高反差的优秀画面质量。考虑到绝大多数德国厂家不生产400毫米以上自动对焦的长镜头——唯一例外的是 Carl Zeiss Tele-Apo tessar T* 400mmf/4，用于已经停产的 CONTAX N 系列相机——这支400mm的超级望远镜头依靠优质的影像质量和高速可靠的自动对焦系统可以说是全球无敌。

这支镜头使用新设计的光学结构也更利于提高对焦速度，同时因为采用了新的大型环形 USM 元件和新的数学运算，因此对焦速度是第一代 AF 款的 2 倍，也使之成为世界上最快的自动对焦镜头之一。当然，它依然可以全时手动对焦，且不需要电力。最近拍摄距离也减少到 3 米。

由于这支镜头比较大，另外考虑到竖拍和操作的方便，因此在镜头上增加了 4 个焦点预设和自动对焦停止按钮。镁合金的镜身和碳纤维的遮光罩使得这款镜头很轻。提供了在恶劣条件下的非常优秀的防尘和防潮功能，可以配合 EOS-1V 之后所有的专业机身在大雨中使用。而这恰恰是使用长焦镜头的摄影师经常会不期而遇的情况。

这支镜头的图像稳定器可以提供降低两到三挡快门速度时使用。IS 镜头上的图像稳定器可以根据发现的横向或纵向的移动进行高速纠正，从而扩大了手持拍摄的范围。有些摄影者甚至声称使用它来手持拍摄时装表演，如果赶上"大秀"（专业术语，指挡次高、规模大、时间长的时装表演），很显然这可以在相当程度上替代你在健身房里的锻炼效果。建议还是加个独脚架。

当然，乐观地看，能够达到这样的手持拍摄也不是没有原因的，因为它使用了比较新的 IS 技术，而且增加了适合连续拍摄的 IS 模式 2 和使用三脚架自动检测装置，更使得长炮的性能如虎添翼。

这支镜头最前面用的是一块不参与成像有一定曲度的凹凸保护镜片，为了防止平面 UV 镜容易产生的重影和眩光。

◉ EF400mm f/5.6L USM

最早的 L 系列镜头之一，也是一款品质非常高的镜头，虽然没有 IS 功能，但是具有非常好的成像效果。由于 400mm 的焦段通过增距镜达到的影像质量普遍不好，因此对于那些要求镜头灵活机动且便于携带的摄影师来说，值得强力推荐！一些有经验的野外摄影师很喜欢它，并在一些需要轻装的时候携带它。

光学结构方面，一片超级 UD 镜片和标准 UD 镜片组成的影像系统能有效地纠正色差，同时这支镜具有非常高的解析力和优质的色彩表现。常见的变焦镜头＋增距镜的方式虽然也可以得到足够的焦距，但不要说 EF70-200mm f/2.8L IS USM，即便是更高素质的 EF200mm f/2.8L II USM 定焦镜头配合增距镜后得到的成像结果也远远不及这支镜头。如果你刚刚开始喜欢拍摄鸟类之类的题材，它在你作出痛苦的决定升级到超级大炮之前是最好的选择。对于这支性价比超高的镜头来说，遗憾或许是没有 IS 功能。另外，这支镜头上市的时间比较早，对于一支经常要在野外使用的镜头来说，如果将它的防水防尘性提高到具有后期 L 系列镜头的水平就更好了。

同样出于便携性的考虑，这支镜头的遮光罩是内藏式的，使用可以拆卸的套环式三脚架座，对焦范围可选择从 3.5 米至无穷远或者 8.5 米至无穷远。

EOS 和三脚架的使用

对于使用长镜头和某些领域（比如风光、建筑、微距摄影等），三脚架是必须的附件。

对于单反机来说，通常的经验是手持拍摄的最低速度为使用镜头焦距的倒数，比如说，使用50毫米标准镜头的时候，快门速度不能低于1/50秒。但是，严谨的职业摄影师其实另有一套理论，那就是，能用三脚架，尽量用！

虽然EOS系统的IS技术在一定程度上可以帮助摄影者克服手持相机带来的影像模糊，但是它并不能完全替代三脚架，原因有两个：

IS技术只是提高拍到清晰图片的概率而不能保持100%的成功；

IS技术是有限度的，最多只能达到4级快门速度。

而上述问题三脚架都不存在。另外，通常镜头的最佳光圈都在f/8-f/16之间，考虑到不同的光线条件，如果你追求最好的成像质量，三脚架在很多情况下是不可或缺的。

三脚架的选择是和承载的器材以及拍摄题材密切相关的，而要正确的选择三脚架要考虑三个重要的因素：

1. 最大负载能力要足够坚固去支撑你的器材；

2. 要有足够的扭转强度来保证所拍摄影像的稳定性；

3. 是否便于携带。

关于三脚架更丰富的内容推荐大家参考《顶级摄影器材》（中国摄影出版社2006年第1版）一书中对于三脚架和云台系统的详细介绍。这里只简单讲讲，捷信三脚架是我在《顶级摄影器材》中唯一推荐的三脚架，我们继续以它为例。对于EOS的使用者来说，捷信1号的三脚架只适用于不长于100毫米的镜头配合比较轻的机身（不要重过EOS 5D）。而不长于200毫米的镜头可以使用捷信的2系三脚架，300mmf/2.8镜头可以勉强使用2号三脚架，但是更长或更重的镜头一定要使用3号以上的三脚架。

你可以偶尔使用1号脚架和200毫米的镜头配合，但是它在长时间曝光或有风的情况下未必有足够的扭转力度来保证影像的清晰，这时候尽量不要升起三脚架的中柱，同时在三中柱下面挂一个重的背包也会有一些帮助，但依然不及使用更高号数的三脚架来得稳当。

当然，越大的三脚架也就越重，所以三脚架的材质的选择上，如果你的预算允许，强烈推荐3号（含）以下的脚架都考虑碳纤维或火山石之类的轻型材料，真的便利很多。

400 毫米 DO 镜头

多层衍射光学元件,为超级望远镜头更加轻便而奋斗!

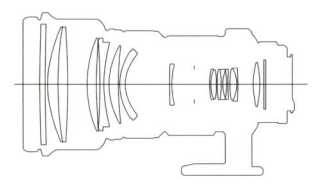

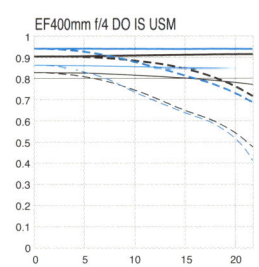

EF 400mm f/4 DO IS USM 详细规格:

焦距和最大光圈:400mm,f/4
光学结构:17 片 13 组,(护镜和落入式滤镜也包括在内)
对角线视角:6°10′
调焦系统:环形超声波马达,后组调焦系统,全时手动对焦
最近调焦距离:3.5 米,0.12 倍放大率
滤镜口径:52mm 落入式
最大直径×长度:128 × 232.7 (mm)
重量:1940 克
遮光罩:ET-120 (附送)
(参考价格:44900 元)

EF 400mm f/4 DO IS USM 是一支非常特殊的镜头，即便在以应用新技术见长的 L 系列镜头中它也是非常特殊的一支，因为它是世界上第一支应用多层衍射光学元件的摄影镜头。同时它也是一支带有"脾气"的镜头。

　　超级望远镜头存在一个同样的问题，就是体积和重量。即便受过严格训练的摄影师也很难持稳，所以手持拍摄基本不可能（我常听说有些摄影爱好者喜欢端着超级"长炮"矗立在街头拍妹妹，顺便练练臂力，不过这依然是一个很难改变的事实）。因此导致的拍摄模糊很显然破坏了照片的效果，这在非常需要手持拍摄的体育摄影和野外摄影上更加常见。模糊是多数拍摄的天敌，所以对轻便且画质好的镜头的需要是很迫切的。

　　超级望远镜头很难改变又大又笨重的现状，在试图改变它的努力中，新的具备多层衍射光学元件的镜头是目前最新颖的解决方案。采用多层衍射光学元件，可以让镜头更轻便，这的确是普通镜头难以达到的。

　　佳能开发的多层衍射光学元件是光学设计和制造上的又一个里程碑，它具有萤石透镜和非球面镜的双重特点，因此从理论上说这支镜头具有非常高的成像素质。

　　从使用效果来看，DO 元件主要的贡献在于使用它的镜头比采用一般光学元件的镜头要小得多（厂家提供的资料说是 30% 左右），当然也更轻便。因此，如果你希望在轻便和长焦镜头的便携性之间找到最好的选择它，它非常值得考虑。

　　EF400mm f/4DO IS USM 镜头上有一个绿色的环，这是佳能镜头在设计和生产上使用创新技术的标志。第一支使用绿环的镜头是佳能在 1969 年生产的 FL-F300mm f/5.6，也就是世界上第一支使用萤石镜片的单反相机镜头。

　　EF400mm f/4DO IS USM 不仅在镜头的大小和重量上都达到了前辈们无法企及的轻便水平。这支镜头的对焦速度也是同类镜头中最快的之一。同时由于采用了图像稳定器和彻底的防尘防潮功能，它可以在非常恶劣的条件下使用，这一切都是为了适应于它的拍摄环境——户外、手持、机动。

　　厂家甚至提出使用多层衍射光学元件的镜头画质还可以更好，从 MTF 的角度来看，这支镜头的画面质量是非常好的，结合 DO 技术的优势——厂家提出它另外的特点是极佳的矫正色差性能——它的色差的纠正可以达到萤石的水平。不过，这也是一只在色彩上相当有"脾气"的镜头，目前我依然不能很好地掌握它在色彩表现上的特性。从我个人使用来讲，EF400mm f/4DO IS USM 的色彩表现和其他 L 系列镜头有明显的差异，总的来说色彩风格会更加趋于饱和，想必是采用多层衍射光学元件的结果。不过，我们这本书采访的摄影师中的确有人使用这支镜头获得了一些非常好的照片，对此我也意识到对一支技术创新镜头的评价还需要经过更多摄影者的检验。不过，我在这里对于它的推荐依然持比较谨慎的态度。

摄影：奚志农，Photo by Xi Zhinong
EOS 1D Mark II N 机身，400mm DO 镜头，光圈优先，－1/3 级，f/4 光圈，1/500 秒快门，ISO 400
晨曦中的马可波罗羊，新疆、帕米尔高原。"帕米尔"是塔吉克语"世界屋脊"之意，喜马拉雅山、卡喇昆仑山、昆仑山脉、天山山脉在这里聚首汇结。拥有起伏丘陵和宽阔河谷的帕米尔，也同时孕育着一个高原上丰富多彩的生命世界。

500 毫米镜头
超出人眼观察范围的图像

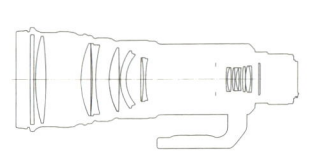

EF500mm f/4L IS USM 详细规格：

焦距和最大光圈：500mm，f/4
光学结构：17 片 13 组
对角线视角：5 度
调焦系统：环形超声波马达，后组调焦系统，全时手动对焦
最近调焦距离：4.5 米，0.12 倍放大率
最小光圈：32
光圈叶片：8
滤镜口径：52mm 落入式
最大直径×长度：146 × 387（mm）
重量：3870 克
遮光罩：ET-138（附送）
（参考价格：56300 元）

摄影历史上最家喻户晓的名言大概就是卡帕的那句："如果你拍的不够好，那是因为你不够近"。话虽然这么说，不过不是所有的照片都可以让你在梦想的最近距离拍摄到，很多远处的敏捷的运动也只有通过超级望远镜头才能拍摄到。比如在一辆时速超过200公里的正在拐弯的赛车上车手的表情，或是丛林里正在捕食的一只饥饿狮子的眼神！

无论如何，在这些情况下，近距离拍摄都是非常危险和不太可能的。而这也正是超长焦距镜头存在的魅力，可以让非常远的物体占据画面的一大部分。

超级望远镜头通过对图像景深的直接压缩可以帮助你拍摄到富有冲击力的场面，无论是用于追踪远处野生动物的身影或者抓住足球场上运动员激情碰撞的瞬间，超级望远镜头可产生独一无二的景深压缩效果。摄影师可以把主体和背景几乎放在一个视觉平面上，创造出很难模仿的小景深，而这是超级望远镜头最擅长的。

不过，通常情况下这种级别的镜头必须要使用三脚架和足够稳定的云台（有时甚至需要使用特殊的云台），而因为有了图像稳定器，很多摄影师开始在这个焦段使用独脚架，并因此提高了拍摄的机动性和灵活性。

◉ EF500mm f/4L IS USM

这是一支兼具新颖的图像稳定器和 f/4 大光圈，而且灵活方便的超级望远镜头。

灵活的手持拍摄是每一个使用超级望远镜头的摄影师的终极梦想之一。不过超长镜头拍摄运动物体必须要面对手或者镜头的抖动造成的图片模糊，实际上即便是有经验的职业摄影师在抓拍时也经常出现这样的情况。而升级的 IS 技术的使用为许多专业摄影师赢得了更多的选择机会，他们可以根据实际的拍摄环境来选择是否手持拍摄，或者在一些情况下使用独角架或图像稳定器来拍摄高清晰度的照片。在这个领域，做到极限的就是 EF500mm f/4L IS USM。而在过去，面对只有标准镜头视角的十分之一的狭窄视角，试图依靠手持拍摄获得高清晰度的照片几乎是不可能的。

这支镜头在光学上进行了全新的设计，使用了 17 片 13 组的结构，同样采用了 2 片 UD 玻璃镜片和 1 片萤石玻璃镜片，几乎消除了所有失真，达到了前所未有的高解析度和对比度。因为采用了环形的 USM 和新的数学运算，使之成为世界上最快的自动对焦镜头之一。最近拍摄距离也减少到只有 4.5 米。配备了全时手动对焦、焦点预设和自动对焦停止按钮。具备良好的防尘防潮特性，可以配合 EOS-1V 之后所有的专业机身在大雨中使用。f/4 大光圈使得它的使用范围很广。另外，因为使用了新的 IS 技术，这支镜头快门速度可以降低 2－3 挡拍摄。增加了适合连续拍摄的 IS 模式 2 和使用脚架自动检测装置，因此图像稳定器可以和独角架一起使用。

此外，这支镜头在焦段、口径、光学质量和镜头重量之间达成了异常完美的结合，改良后的镁合金的镜身和碳纤维的遮光罩减小了不少重量，体积也不是很大，有可能被放入一些中型双肩背摄影包中。这支镜头被很多摄影师认为是手持使用长炮的极限因此他们没有 个不希望镜头的体积和重量能减少的。

这支镜头最前面使用的也是一块不参与成像的保护镜片，为了防止平面 UV 镜容易产生的重影和眩光，做成了有一定曲度的凹凸透镜。

摄影：奚志农，Photo by Xi Zhinong
EOS 1N 机身，500mmf/4L IS 镜头，
滇金丝猴、云南、白马雪山。滇金丝猴是生活在世界海拔最高、生存环境最严酷地区的非人灵长类动物，它们栖息于海拔3000米以上的高山暗针叶林带，分布区域狭小，为中国的特有种。由于高山景观一旦破坏之后恢复极其缓慢，所以对于金丝猴栖息地景观的保护，决定着这一珍稀物种的命运。

600毫米镜头

完美展现旷野和丛林里野生动物的身影

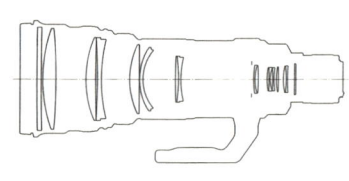

EF600mm f/4L IS USM 详细规格：

焦距和最大光圈：600mm，f/4
光学结构：17 片 13 组
对角线视角：4°10′
调焦系统：环形超声波马达，后组调焦系统，全时手动对焦
最近调焦距离：5.5 米，0.12 倍放大率
最小光圈：32
光圈叶片：8
滤镜口径：52mm 落入式
最大直径×长度：168 × 456 （mm）
重量：5360 克
遮光罩：ET-160 （附送）
（参考价格：67200 元）

摄影：奚志农，Photo by Xi Zhinong
EOS 1D Mark II N 机身，600mmf/4L IS 镜头加 1.4X 增距镜，光圈优先，－1/3 级，f/10 光圈，1/1250 秒快门，ISO 400

马可波罗羊的公羊体型雄壮，它们以头顶一对雄伟的巨角而举世闻名，是帕米尔高原的象征。巨角代表着公羊的力量和地位，也是它们争夺配偶的武器。然而，巨角也让它们生活在盗猎者的威胁之中。

EF600mm f/4L IS USM

  这支全新的 600 毫米超级望远镜头配备了图像稳定器，拥有 f/4 的光圈，是 EF 镜头中非定制镜头中焦距最长的一款。佳能对于超级望远镜头有足够的经验，使得这支镜头在同类镜头中具有出类拔萃的成像效果，1 片萤石镜片和 2 片 UD 镜片组成的影像系统能够彻底消除二级色差，达到了过去很难达到的画面质量。采用了新的数学运算方法，使它的对焦成为世界上最快的镜头之一。虽然也有一些德国厂家生产类似焦段的高素质手动对焦镜头，但是 EF 系列的 AF 和 IS 技术使得出片的成功率大大提高了。因此，我也认为它实际上是同焦段镜头中最好的。

  这支镜头在野生动物和体育比赛的拍摄中很得摄影师的信赖。

  和它的前一代产品相比，最近拍摄距离减少到了 5.5 米，提供全时手动对焦，自动对焦停止按钮使拍摄更简单。镁合金的镜身减轻了重量，令手持和移动更自由。具备出色的防尘防潮特性，可以配合 EOS-1V 之后所有的专业机身在大雨中使用。

800 毫米镜头

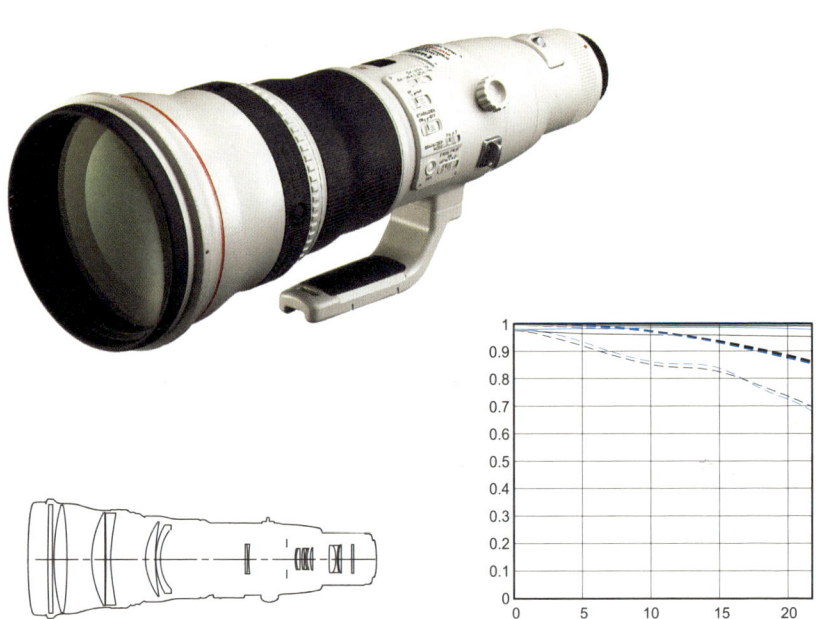

EF 800mm f/5.6L IS USM 详细规格：

焦距和最大光圈：800mm，f/5.6
光学结构：18 片 14 组
对角线视角：3°5′
最近调焦距离：6m，0.14 倍放大率
最小光圈：32
光圈叶片：8 枚
滤镜：52mm，（后置落入式）
最大直径 X 长度：163 × 461（mm）
重量：4500 克
价格：83300 元
（参考价格：79900 元）

一支超长焦距定焦L镜头，主要适合野生动物摄影和室外的运动摄影等专业领域。

800毫米这个焦段的镜头原来佳能并不生产。不过，对于野生动物摄影师来说，在财力能够支持的情况下镜头是越长越好，600毫米的定焦镜头有时候就显得不够长了，当然，可以通过使用增距镜的方式来解决，但成像上又要打不少折扣。

2005年的时候适马公司(Sigma)倒是发布了一款APO 800mm f5.6 EX DG/HSM，也使用了HSM超声波马达，四五万的价格也不算太贵。

EF 800mm f/5.6L IS USM于2008年5月30日正式上市，和竞争对手比价格还不算过于昂贵。光学方面，它采用了2片萤石镜片、1片UD镜片和1片超级UD镜片，成像质量保持了和EF 500mm f/4L IS USM、EF 600mm f/4L IS USM相同的超高水准。在AF超长镜头的画质上，EOS系统的优势非常明显，12片9组的适马APO 800mm f5.6 EX DG/HSM显然不是对手。

做工和操控性与其他EF系列超级大炮一脉相承，内置了IS影像稳定器，效果相当于提高约4档快门速度，采用8片的圆形光圈，具有更出色的背景虚化效果。另外，作为最新的镜头，它使用了优化的镜片镀膜，镜片位置也充分考虑到了在数码相机上的使用，可以更有效地抑制鬼影和眩光。镁合金的镜身轻巧坚固。和EF 600mm f/4L IS USM相比，体积差不多大，重量还稍稍轻了一点。同时具有出色的防尘防水性能。

厂家方面强调这支镜头使用了强化了的AF算法，可以得到非常高的自动对焦速度。不过，由于焦距更长，光圈更小，它的AF速度还是要比EF 500mm f/4L IS USM以及EF 600mm f/4L IS USM差不少，大概和EF 300mm f/4 L IS USM是一个水平的。

总的来讲，这支镜头的成像非常好，如果你一定需要800mm的焦段，它的优势是画质比EF 600mm f/4L IS USM加1.4X增距镜的画质要好很多。但是如果800mm焦段不是你必须的，建议你要考虑到它的对焦速度真的要比EF 400mm f/2.8L IS USM和EF 500mm f/4L IS USM慢不少！

摄影：奚志农 Photo by Xi Zhinong
Canon EOS-1D Mark III 机身　EF Canon EF 800mm　f/5.6L IS USM 镜头　自动曝光
曝光补偿：+2/3，f/7.1 光圈，1/400 秒快门，ISO 400，手动白平衡

1200 毫米镜头
超越人眼极限的镜头世界

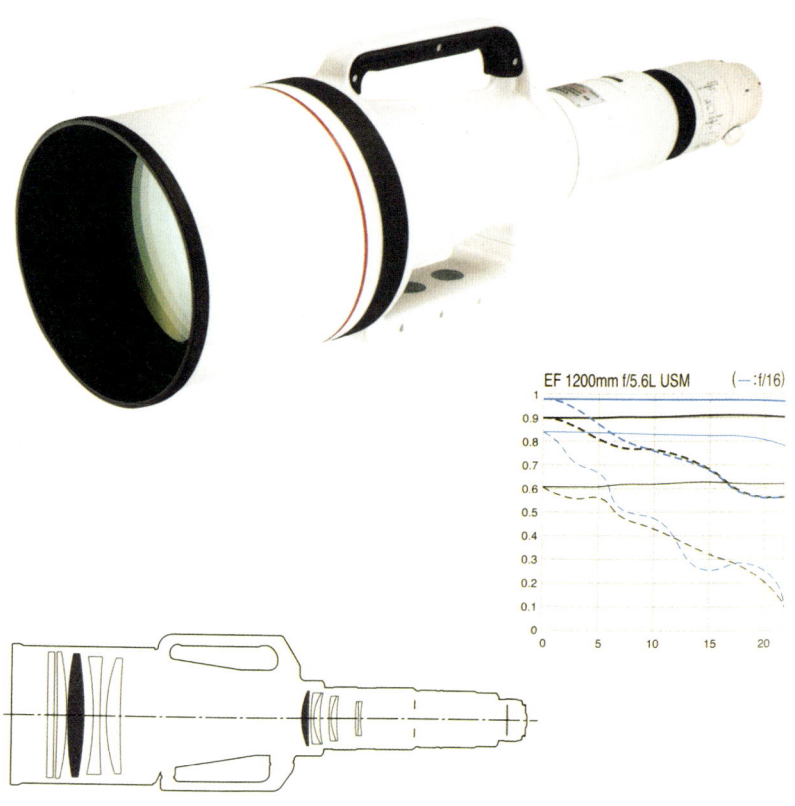

EF1200mm f/5.6L USM 详细规格：

焦距和最大光圈：1200mm，f/5.6
光学结构：13 片 10 组
对角线视角：2°05′
调焦系统：环形超声波马达，后组调焦系统，全时手动对焦
最近调焦距离：14 米，0.09 倍放大率
滤镜口径：48mm 落入式
最大直径×长度：228 × 836（mm）
重量：16.5 千克
（已停产，停产前大约 80000 元）

EF1200mm f/5.6L USM

　　这是世界上自动对焦单镜头反光相机可以更换的焦距最长光圈最大的超级望远镜头，被认为是EOS王朝最骄傲的财富之一。EOS系统首创性地利用超声波马达和后对焦系统使得这款超级望远镜头拥有不可思议的静音和自动对焦速度。光学系统中两片大口径的萤石镜片彻底消除了色差，呈现了高锐度和高清晰度。它使用了非线性聚焦凸轮来带动对焦透镜组。由于镜身巨大，为了方便操作，它采用了焦点预设和三段切换式手动对焦速度。触控式回转机构可以轻易将相机切换成横向或纵向，以方便构图需要。

　　可以想象这是一支富有进取心的超级望远镜头,使用它的人也是超级富有进取心的摄影者。拍摄旷野上非常远的、肉眼几乎无法分辨的物体，1200毫米镜头带来了一个超越人眼极限的镜头世界。无论是拍摄远方平原上的野生动物的生活，还是抓拍它们的表情。过去认为不可能拍摄到的物体，现在你本人不用移动就可以拍摄。

　　厂家的宣传材料上说它可以"加用EF1.4X II增距镜变成1700mmF8，或加用EF2X II使其成为2400 mmF11的超超级望远镜头"。

　　谁会这么用它呢，用它来拍什么题材呢？

　　我也想知道。

最少的 EF 镜头配置（上）

购买镜头的第一金科玉律是："明白自己摄影的出发点"。清楚自己喜欢拍什么是最重要的事情，这样的话往往很容易选择镜头。如果实在拿不定主意，可以考虑先买二手镜头试试，不成还可以卖掉，损失减少为最小。

购买镜头的第二金科玉律是："选择你买得起的最好的镜头"，与其买一堆差镜头，不如这笔钱买一支好镜头！这是很多爱好者在经过多年血淋淋的付出后才能明白的教训。

下面的内容主要供摄影爱好者和业余摄影师参考，考虑到性价比和便于使用的因素，因此并不特别适合职业摄影师，尤其不适合比较多进行商业性图片拍摄的摄影师和以摄影为创作手段的职业艺术工作者，建议他们还是从前面每支镜头的具体介绍中分析适合自己使用的器材。

一支镜头的选择

很多 APS-C 规格 CMOS 数码相机（佳能400D或者佳能40D系列）在购买的时候都会搭一支普通又经济的标准变焦镜头，这支镜头非常便宜，如果单独买，可能只要三五百元，但是如果你收小光圈并且在三脚架上使用，和比它贵5倍的镜头相比其实在分辨率上并不逊色。

不过，多数的使用者一段时间之后都会对原配的变焦镜头的成像质量并不感到满意。毕竟"小光圈＋三脚架"太局限了。所以，镜头升级的需求也可以理解。

虽然L系列的镜头是EOS的看家法宝，但是多数L系列镜头在设计时没有过分考虑小尺寸感光元件相机。考虑到要乘一个1.6的系数，如果对质量没有专业级的苛刻要求，EF-S 17-85mm f/4-5.6 IS USM和EF-S 17-55mm f/2.8 IS USM这两支标准焦段变焦镜头都是首选的升级选择。这两支镜头应用面比较广，旅行、风光、报道、家庭照通吃。现在佳能400D和40D套机就是直接组合EF-S 17-85mm f/4-5.6 IS USM 销售的。这样一支镜头和入门机身——比如400D——的配合在万元左右，也不算太奢侈。如果偶尔在单位拍个会议或者朋友的婚礼之类的，再加上一只闪光灯就足够了，不一定非要580 EX II那样顶级的闪光灯，430 EX已经很好了。

不仅是爱好者的选择，这两支EF-S镜头对于职业摄影师来说也同样具有吸引力。前者比较便宜，而且焦段适合在旅行中使用；后者有恒定f/2.8的光圈，成像更好一些，不过也比较贵。这两支镜头都使用了防抖技术，共同的特点是不能升级使用在全画幅相机上。

额外要多说一句，EF-S 17-55mm f/2.8 IS USM并不是一支便宜的镜头，所以很多人升级的时候宁可选择17-40mmL，毕竟是L系列镜头啊！焦段没有那么长，也不具备IS功能，光圈也小了点，但是具有更好的成像质量，虽然分辨率不比上面的两只EF-S高，但拍风光之类对色彩表现要求比较高的时候还是有优势的。反正数码相机现在高感光度的画质也越来越好，而且未来使用全画幅数码相机的时候这支镜头还可以继续使用。

花絮

而对于使用全画幅感应器的数码相机的摄影者来说,配置一支镜头的情况比较少见。

EOS系列在相机中属于偏重实用的品牌,对于摄影师来说具有非常好的实用性,但是不算很有个性的器材,通常使用唯一一支镜头的摄影师都是很有个性的人,他们多数对影像质量有着苛刻的要求,而且很强调自己对于影像独特的理解。这样的摄影师的作品通常不会通过常规的商业途径销售,所以这样的职业摄影师即便只选择一支EF镜头的也很罕见。

不过,我的确见到一些摄影师在使用顶级机和一支镜头的配合,多数是大光圈的标准变焦镜头;少数是他们使用其他体系的相机(比如旁轴相机),但是需要借用单反相机的某些特性,那样的摄影师会选择EOS的中长焦镜头,尤其是大光圈的中长焦变焦镜头。

另外,如果你现在在使用非全画幅感光元件相机,还没确定自己是不是要升级到全画幅,那么先买一支L系列的超广角变焦镜头也是安全的做法。在这个焦段里,16-35mmL Ⅱ和17-40mmL无疑是摄影者最喜好的选择,这两支镜头在成像质量上的差别不大。当然,16-35mmL Ⅱ是最新发布的L系列镜头之一,充分考虑了数码化之后的各种问题,不过,主要的优势依然是大一挡的光圈和更好的可靠耐用性。所以,如果你很看重超广角镜头的使用,16-35mmL Ⅱ是不二之选,否则17-40mmL也足够用了,省下来的钱可以购买一个很好的闪光灯或者一支定焦镜头了。买超广角变焦镜头另外巨大的好处是以后配合其他镜头都很方便。

对于喜欢标准变焦镜头的摄影者,我个人倒是觉得24-105mmL IS是目前最好的选择,成像锐利,带IS功能,防水防尘,变形严重点但算是白璧微瑕。24-70mmL比它贵很多,但是更适合有特定用途的职业摄影师,一般的摄影就算了,省下来的钱能买好多东西呢。

24-105mmL IS也是一支扩展性很强的镜头,它的缺点主要是光圈不够大,未来如果你喜欢广角镜头的现场光效果可以补充一支35mmf/1.4 L或者24mmf/1.4 L;如果你拍人像多,随便搭一支人像镜头也很容易。

要补充一点的是,EF-S系列镜头中没有类似18-200mm的规格,而很多其他厂家都有类似规格的镜头在产,焦段非常适合旅行中使用,而且价格多数很低廉,也的确有一些摄影爱好者在第一次购买镜头时选择了类似的规格。但是我个人非常不推荐这样的镜头,低廉的价格决定了它的素质,成像质量我觉得多数情况下不能接受,可惜了数码单反相机。

结论:

1. 预算不高,就接受套机镜头;

2. 有较高预算,现在使用非全幅数码单反,有未来升级到全画幅的打算,就买17-40mmf/4 L;

3. 全画幅相机中性价比最高的一机一镜组合是佳能5D+24-105mmL IS。

花絮

最少的EF镜头配置（下）

两到三支镜头的选择

两到三支镜头的选择很多。

拥有第一支标准变焦镜头（全画幅和胶片相机类似28－80mm；APS-C画幅数码相机类似17－55mm之类）的摄影者增加镜头时的选择多数都是一支中长焦变焦镜头，再以后可能是一支超广角的EF-S变焦镜头。EF-S镜头在分辨率上的表现非常好，如果只是一般家庭使用或者要求不高的印刷都没什么问题。

但是如果你对自己作品的画质有更高的要求，我还是认为它们的整体素质远远不及L系列镜头，与其买几支EF-S镜头还不如投资在一两支更好的L系列镜头上面。

很多有经验的摄影爱好者会选择一支超广角变焦镜头＋一支中长焦变焦镜头的组合，这是非常有眼光的组合，通常很多新闻摄影师也会这么做，焦段覆盖面广，又不用携带过多的镜头。

预算充足又有体力的话16-35mmL II +70-200mmf/2.8L IS当然是上佳，不过17-40mmL+70-200mmf/4L IS也几乎可以提供无差别的影像素质——缺少的只是大一级的光圈。总的来说，17-40mmL+70-200mmf/4L IS显然更适合旅途中使用，而16-35mmL II +70-200mmf/2.8L IS看起来要专业感更强一些，但真的重很多。

16-35mmL II +70-200mmf/2.8L IS的配合同时也是一个扩展性比较好的配置，在此基础上增加一支大光圈的定焦镜头可以很容易地给多种拍摄领域搭把手。实在没什么可买的，来个1.4X增距镜也不错。

当然，三支大光圈L镜头16-35mmL II +24-70mmf/2.8 L+70-200mmf/2.8L IS算是最保守的配置方案，虽然没什么个性，但也算是全面。而如果不经常使用三脚架，17-40mmL+24-105mmL IS+100-400mmL IS的组合更便宜而且焦距覆盖得更广，成像质量还是一样的好。

不过，两三支镜头的选择有很多更有创意。

我经常会和爱好者们聊起他们购买购买数码单反的原因，发现多数人的起因是因为小数码相机的成像不够好而且对焦速度不够快，而在他们买数码单反的时候多数还并不知道自己未来会对摄影痴迷到什么程度，也不知道自己到底对拍摄什么题材有兴趣。

所以我通常推荐他们试水佳能单反的第一支镜头是物美价廉的EF17-40mmf/4L。不过如果你想更有个性一点，用定焦镜头可以得到更好的成像质量。

从市场上来看，在广角端用定焦镜头的摄影爱好者非常少，当然，L系列的定焦镜头更是上佳之选。但其实使用一下你会发现在广角和超广角焦段非L系列定焦镜头的成像质量也要比变焦镜头好得多！

一支广角镜头＋一支标准镜头是很多大师级报道摄影师的常规装备，你也可以考虑一下。但是，在胶片时代的多数非L系列广角镜头的色彩谈不上么令人兴奋，不过，幸运的是我们现在进入了数字时代，如果你是一个数码处理高手，或许可以部分地解决这个问题。

不过，我还是要指出一个镜头设计中常识性的知识：同样的成本之下，广角镜头焦距越短，成像就越差。这个规律在非L系列EF镜头中很有指导意义，所以你不要期望EF 20mmf/2.8和EF 24mmf/2.8会有接近标准镜头和小广角镜头的表现。

另外，对"扫街"、民俗、抓拍等拍摄方式以及报道、纪实摄影钟情的爱好者可以额外考虑一下 EF 28mmf/1.8和 EF 35mmf/2那两支镜头，体积小、分辨率高，虽然乘上系数之后视角和标准镜头差不多，不过标准镜头在很多摄影领域也是很实用的。

有了广角镜头（或者标准变焦镜头）不久之后，很多摄影爱好者会经常感觉自己缺乏一只焦距更长一点的镜头。不过，很不幸的是，根据我们的统计，大多数摄影爱好者的长镜头的使用率非常低。所以强烈建议你先不要急于立刻把钱投资在长镜头上，而是先问问自己要拍的东西是什么。

人像和旅行是爱好者最喜欢的题材，常规来讲70-200mmf/2.8L IS和70-200mmf/4L IS最方便。但是这两支镜头价格都不便宜，而且对于人像的拍摄来说，光圈也不够大。

而放眼定焦镜头中，物美价廉的人像镜头选择有很多，你可以根据你的预算依次选择。毕竟定焦镜头有更高的分辨率、更大的光圈——也就会带来更好的背景虚化和焦外成像效果。如果你使用的是APS-C规格CMOS的数码相机，50mmf/1.8、50mmf/1.4已经可以作为人像镜头来使用，而且价格都不贵。对于全画幅相机的使用者，85mmf/1.8、100mmf/2之类的会更适合一点。135mm的镜头对于全画幅相机来说是很适合拍人像的焦段，但在APS-C规格CMOS的数码相机上有点过长了，万一要在室内拍个全身像什么的要退后太远了。

花 絮

另外，如果你发现自己喜欢微距世界，100毫米微距镜头是一个超高性价比的选择。EF 17-40mm f/4 L USM +EF 100mmf/2.8 Macro USM 的配合尤其适合喜欢户外运动和喜好自然摄影的人，即便对于职业摄影师来讲，都非常完美。

比人像镜头更长的焦段，截至到400mm焦段之前，实事求是地说，在多数的拍摄领域中变焦镜头的确要比定焦镜头更实用（除非大光圈对你很重要）。EF系列在中长焦段有四只L镜头，从最便宜到最贵依次是：

EF 70-200mm f/4L USM 5500元左右

EF 70-200mmf/4L IS USM 8400元 8400元左右

EF 70-200mm f/2.8L USM 9000元左右

EF 70-200mm f/2.8 L IS USM 14000元左右

这四支镜头几乎提供了无差别的优秀像质，区别仅仅在光圈、体积和是否有IS上面。有足够预算和足够体力的人当然首选是EF 70-200mm f/2.8 L IS USM，拍风光喜欢用三脚架的则没必要用IS。不过我个人更倾向于EF 70-200mmf/4L IS USM，我认为好的影像不一定来自于大光圈。

对更长的300mm或400mm焦距有需求者，EF 70-300mm f/4.5-5.6 DO IS USM 这支镜头可以考虑使用了先进的DO技术，但是它的贡献主要在轻巧的体积和重量上，成像则不能和EF 100-400mm f/4.5-5.6 L IS USM相比。EF 100-400mm f/4.5-5.6 L IS USM是一支非常锐利、综合性能极佳的镜头，比70-200mmf/2.8 L镜头加上增距镜的效果要好得多，而且焦段设置上和超广角变焦镜头或者标准变焦镜头的配合也非常好。

微距镜头
提供了从动物的视角看到的世界的样子

微距镜头的乐趣不仅仅是能让你看清细小的东西那么简单，从摄影的乐趣上来说，它会让你的每一天都充满了戏剧性。到离那些植物非常近的距离去捕捉大自然创造的美丽，或者抓住一只蝴蝶拍打着它优雅的翅膀展翅欲飞的瞬间。在这些情况下，你最需要的就是一支微距镜头，它可以允许你以高放大倍率或等同于原尺寸的放大倍率进行近距离拍摄。这些镜头还是科学和医学研究的理想选择。

微距镜头的光学设计不同于其他镜头，有很多独特的要求来保障近距离拍摄的影像表现力，同时，微距镜头要求在整个画幅内都达到均一的影像质量。对于非微距镜头来说，中央分辨率比四角高很多或许不是什么问题（特别是在大光圈下），但对于微距镜头来说则是不能接受的。从设计的角度来说，微距镜头通常也比同焦段的其他镜头更加锐利。

另外需要指出的是，微距摄影需要比较多的附件支持。

EOS系列相机的直角取景器附件是微距摄影必须的装备。当年佳能FD卡口的顶级相机F-1采用的是可拆卸的机顶取景器，不过进入EOS时代之后，再没有采用这样的设计。而35毫米顶级相机中只有尼康曾经在它的专业顶级机中坚持过一段可拆卸的机顶取景器（直到F5），不过采用这种设计带来的弊端——防水防尘性降低、成本提高等问题——也令尼康公司困扰，并最终在F6中取消了这个设计。

对于摄影师来说，这真的是一件很无奈的事情，可拆卸的机顶取景器对于微距摄影非常实用，对于其他摄影领域虽然并不是必须的，但是也可以带来很多灵活的拍摄可能。目前EOS系列的解决方案是使用直角取景器（目前在产的是"弯角取景器C"），没有可拆卸的机顶取景器那样强的远视点取景能力，但是对于微距摄影来说，也算是够用了。

摄影:谢墨,Photo by Xie Mo
EOS 5D 机身,100mm 微距镜头,手动曝光,f/13 光圈,1/125 秒快门,ISO 200,印度尼西亚,蓝壁

50毫米微距镜头

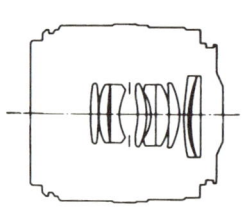

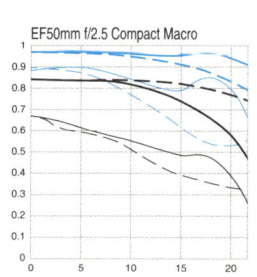

EF 50mm f/2.5 Compact Macro 小型微距详细规格：

焦距和最大光圈：50mm，f/2.5
光学结构：9片8组
对角线视角：46°
调焦系统：线性马达自动对焦
最近调焦距离：0.23m，0.5倍放大率
滤镜口径：52mm
最大直径×长：67.6×63（mm）
重量：280克
（参考价格：2550元）

EF50mm f/2.5 Compact Macro 小型微距

这是一款轻便的 50 毫米微距镜头,近距离摄影时放大倍率可以达到 0.5 倍,也就是原尺寸 1/2 的大小。它使用了浮动镜片系统米帮助提高从微距到无穷远的成像质量,可以带来更锐利、清晰的画面。

这支镜头拥有所有自动对焦微距镜头中最大的光圈——f/2.5。值得一提的是,随着拍摄技术的进步,有些摄影者不再使用大口径的标准镜头,而是倾向使用比较大光圈的微距镜头来代替它——毕竟增加了一个很实用的功能。

大光圈可以带来近距离摄影时更小的景深效果,主体清晰背景模糊的漂亮肖像谁不喜欢呢?另外,因为有更大的光圈,如果把它当作标准镜头在日常拍摄中使用也有更广阔的余地。不过,要注意一点,这支镜头不能直接带来 1:1 的微距效果,如果你想达到 1:1 的微距,需要加用专门的原尺寸 EF 转接环。

原尺寸 EF 转接环

EF 50mm f/2.5 Compact Macro 小型微距是不能达到 1:1 的放大比率的,而这款原尺寸转接环是专为 EF50mmf/2.5 轻便型微距镜头设计的。它使摄影的影像放大率可以从 0.5 倍扩展到原尺寸(1:1)。光圈降低了一级,但自动对焦还是很快,使本来对焦困难的近距离摄影变得轻松。

原尺寸 EF 转接环(专为配合 EF 50mm f/2.5 Compact Macro 小型微距使用)

光学结构:4 片 3 组

最大直径×长:67.6 × 34.9(mm)

重量:160 克

显微摄影镜头

专为达到极限追求而特别设计

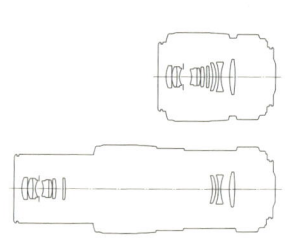

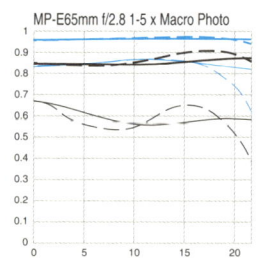

MP-E 65mm f/2.8 1-5x Macro Photo　1-5 倍显微镜头详细规格：

焦距和最大光圈：65mm，f/2.8
光学结构：10 片 8 组
对角线视角：在一倍放大率时 18°40′
调焦系统：手动对焦，前组直线延长
最近调焦距离：0.24 米，5 倍放大率
滤镜口径：58mm
最小光圈：16
光圈叶片：6
最大直径×长：81 × 98（mm）
重量：710 克
遮光罩：该镜头无遮光罩可用
（参考价格：7280 元）

拍摄照片的乐趣在于发现整个肉眼无法看到的世界。比如使用望远镜头和微距镜头进行拍摄。极度接近某个物体会使你觉得你自己变成了一个很小的生物。这种不寻常的感受经常会使你发现观察物体的新的方式，而这些方式是你通常会忽略的。就连一只虫子在一片玫瑰花瓣上最微小的运动，或者瓷盘表面上的完美的花纹，都可以引起惊叹。显微摄影镜头就是专门为这种高放大倍率摄影所准备的。这些镜头在从显微摄影中寻找新的表达方式上有着精彩的表现。由于它们是经过特殊设计的，降低了影像波动和畸变，同时还提供了对焦和照明的可行性和便利性。拍摄时使用可选购的对焦轨道将使捕捉被摄体更加简单并可以对焦点和放大倍率进行轻微调整。

■ MP-E 65mm f/2.8 1-5x Macro Photo　1-5倍显微镜头

在不需要任何附件的情况下，这款显微镜头可以将被摄体从原尺寸放大5倍。特殊的用途决定它只能采用手动对焦，对于特别细小的物体它是一个理想的拍摄工具。新的光学设计和超低色散玻璃组可以降低色差，使成像更加出色。采用3片镜片的浮动系统来提供在近距离区域内的大变化范围的放大倍率。它可以有效地校正变换放大倍率时所带来的影像失真和焦点漂移。第二枚镜片使用了UD镜片，使得在高放大率镜头中经常出现的色散问题得到非常好的抑制，保证了出众的影像表现。这款镜头还装备了EMD（电磁光圈）来提供AE（自动曝光）摄影*。加宽的调节环也会对放大倍率的附加调整起到帮助，有一根闪光灯连接线被整合进镜头的前端，可以防止当离被摄体非常近的时候闪光连线的影子进入画面。这种设计使该镜头可以使用微距摄影环形闪光灯MR-14EX和微距摄影镜前双闪光灯MT-24EX。这款镜头带有一个可以摘掉的三脚架连接座，它可以使垂直拍摄和水平拍摄之间的转换更加顺利，同时提供了稳固的支撑。闪光拍摄时，近摄闪光灯ML-3可以接到镜筒上。

　　*配合以下相机使用时，该镜头在所有放大率（1倍-5倍）可以实现AE（自动曝光）摄影：EOS-1V/HS、EOS-1、EOS-1N/DP/HS、EOS-3、EOS-1Ds Mark III、EOS-1Ds Mark II、EOS-1Ds、EOS-1D Mark III、EOS-1D Mark II、EOS-1D。对于其他EOS相机，需要开启曝光补偿，实际光圈需要随放大率升高而提高。所以佳能推荐使用曝光补偿或使用微距摄影用环形闪光灯MR-14EX或者MT-24EX。佳能还推荐使用可供选购的调焦轨道来进行对焦点的轻微调整。

100毫米微距镜头

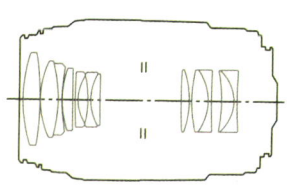

EF100mm f/2.8 Macro USM 详细规格：

焦距和最大光圈：100mm f/2.8
光学结构：12片8组
对角线视角：24°
调焦系统：环形USM马达，内对焦系统，全时手动调焦
最近调焦距离：0.31m，1倍放大率
最小光圈：32
光圈叶片：8
滤镜口径：58mm
最大直径×长：78.6 × 118.6（mm）
重量：560克
遮光罩：ET-67
（参考价格：4190元）

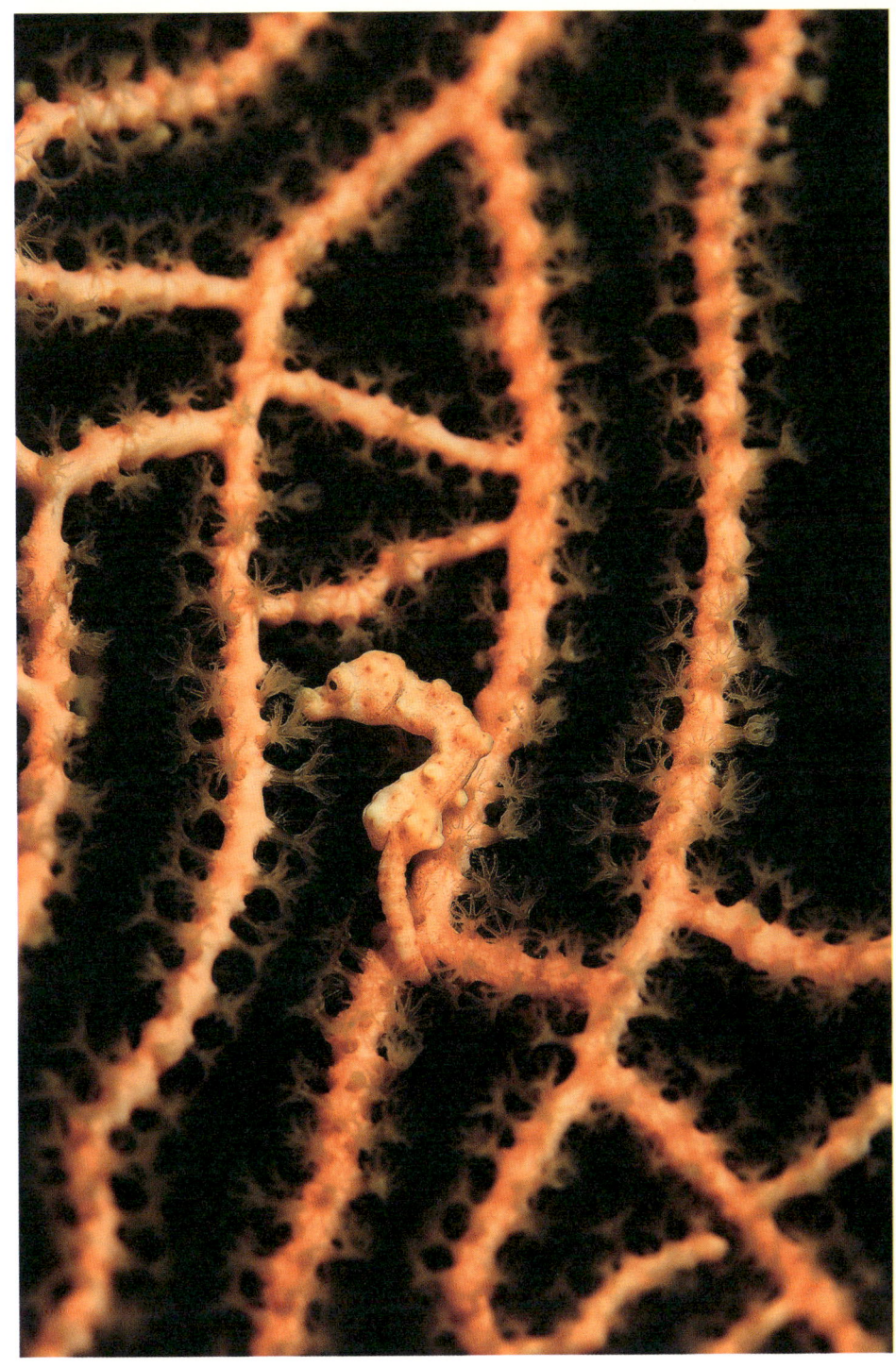

摄影：赵钢，Photo by Zhao Gang
EOS 1Ds Mark II 机身，100mm 微距镜头，光圈优先，f/10 光圈，1/200 秒快门，ISO 100

EF100mm f/2.8 Macro USM

一款适用性非常广的中焦距微距镜头,全面、轻巧、廉价、高素质,因此在很多领域都有良好的应用。它不仅可以提供精彩的画面质量,而且不借助任何附件就可以近距离拍摄原尺寸的图片(放大倍率1:1)。

光学方面,3组透镜组成的浮动系统可以保证在所有对焦距离内的出色成像。镜头的变形几乎不用考虑,当然,这本来就是微距镜头的长项。而要特别指出的是,如果坚持要求"完美"效果,f/5.6在各方面的平衡上能达到最好的效果。这支镜头的分辨率均匀度在F/5.6之后达到惊人的水平。具体的分辨率,最佳光圈介乎于F/8-F/11之间,这也是微距镜头最常用的光圈。最大光圈下的分辨能力建议你就别试了,收一挡光圈后成像质量会得到巨大的提升。

这支镜头在设计上特别优化了浮动镜片组,尤其可以减少在近距摄影时球差的波动,在全程对焦中可以提供持续高质量的画面。内对焦系统带来的另一个好处是拍摄的工作距离(从镜头到被摄体的距离)是不变的,而且前组镜片也是不会转动的,这对于使用前置闪光灯很重要。EF100mm f/2.8 Macro USM在原尺寸放大时工作焦距是149毫米——是前一款50毫米微距镜头同一距离的两倍,这样会给摄影师的拍摄操控和布光都带来方便。

手动对焦调整对于微距摄影是非常重要的,所以这支镜头可以使用全时手动补正对焦,方便再对焦点进行精细的调整。如果使用可供选购的三脚架连接环B(B)(带有EF100mm微距镜专用的接口),在水平和垂直拍摄中转换而不影响光轴就是一件简单的事情。

自动对焦对于微距镜头而言还是比较新鲜的事情,如果仅仅作为微距镜头使用,客观地说,AF并不是特别有意义,反正多数情况下都需要手动补正。不过使用AF可以大大帮助这支镜头扩展更广的拍摄领域——包括在使用广泛的人像摄影中。

EF100mm f/2.8 Macro USM前一代产品是没有超声波马达的EF100mm f/2.8 Macro,两者的光学结构几乎是完全相同的。超声波马达驱动能额外实现几乎毫无声音的高速对焦,除此以外,我觉得前一代EF100mm f/2.8 Macro也很完美了。

EF100mm f/2.8 Macro USM有一个对焦范围选择开关,0.31到无穷远一挡专门用于微距拍摄时,日常拍摄放到0.48到无穷远一挡会提高对焦效率。

关于EF100mm f/2.8 Macro USM另外要说的一点是它的成像质量几乎能够达到L系列定焦镜头的水准,但是价格却不很贵,加之无论是全画幅相机还是使用APS-C传感器的数码相机(在40D和400D上相当于135相机的160mm镜头)焦段都很常用,所以受到很多摄影师和爱好者的欢迎就一点不奇怪了。很多人把它当作微距/人像两用镜头来使用。其中就包括《EOS王朝》中采访到的著名明星摄影师闻晓阳先生(详见《EOS王朝》)。

另外,强烈建议这款镜头的使用者关注EOS系列的两款微距闪光灯:MR-14EX和MT-24EX。

180毫米微距镜头
发现隐藏在植物和昆虫身上的美丽

EF 180mm f/3.5 L Macro USM 详细规格：

焦距和最大光圈：180mm，f/3.5
光学结构：14片12组
对角线视角：13°40'
调焦系统：环形USM马达，内对焦系统，全时手动调焦
最近调焦距离：0.48米，1倍放大率
滤镜口径：72mm
最大直径×长：82.5×186.6（mm）
重量：1090克
遮光罩：ET-78 II（附送）
（参考价格：11500元）

　　从事近距离摄影的摄影者总的来讲并不是很多，其实微距摄影的题材非常非常的丰富，包括相当多不同的主题和目的，一旦你迷上它，或许有一天就必须面对选择最适合拍摄情况的镜头来发挥它全部的作用。

　　选择微距镜头一个需要重点考虑的问题就是摄影放大倍率和拍摄工作距离之间的关系。拍摄工作距离是指从镜头的最前端到被拍摄物体之间的距离。举个例子，当你同样拍摄一个物体的原尺寸放大的照片时，100毫米中长焦微距镜头的拍摄距离是50毫米微距镜头的两倍。当然，有些情况下使用50毫米微距镜距被摄物体很近地

113

摄影：王放，Photo by Wang Fang
EOS 20D 机身，180mmL 微距镜头，光圈优先，-2/3 级，f/11 光圈，1/125 秒快门，ISO 200

拍摄不会有什么问题，但如果你拍摄昆虫或非常小的动物的话，就很难靠近它们了，这时，一只100毫米或180毫米微距镜头就会成为更合适的选择。

另外，视角的选择也是一个比较重要的因素，选择使用一支50毫米微距可以运用它适用范围大的特点，进行抓拍和其它常见拍摄目的的拍摄；而用100毫米微距可以顺带拍摄肖像；用180毫米微距镜头则可以很方便地拍摄动物和其他难以接近的物体。

我个人最喜欢接近标准镜头的微距镜头，这是使用面最广的微距镜头，在微距领域适合拍摄固定的、可以足够接近拍摄的物体，另外也可以拍摄日常场景。这个焦段各个厂家都有自己的产品，由于生产的年头很长，各家的质量都不会太差。100毫米左右的微距则更适合拍摄需要和主体保持一定距离的场景，野外摄影师都很喜欢这个焦段，这样在野外使用挡风板的时候也不会对自然光产生遮挡；另外，美容题材的摄影师也很喜欢这个焦段。

而像180毫米或者200毫米这个焦段更适合拍摄一些不便于很接近拍摄的题材，比如有些昆虫和人工花卉，而且这个焦段也更容易使用闪光灯进行补光。有些不经常使用长焦镜头的摄影师也把它作为长焦里唯一的配置。

虽然现在有些变焦镜头也标榜自己有微距功能，但是实际上微距镜头是需要对近摄进行特殊校正的，常规的变焦镜头能把普通照片拍清楚就已经很不容易了，自带的微距功能多数要受很大的限制，牺牲的要么是价格，要么是成像，要么就是近摄能力。

另外，对于一般的镜头来说，焦距越长景深范围越小，这也使移动相机成了一个问题。微距镜头不可能有很大的景深，所以拍摄的时候或许你需要一些专门的附件系统来更灵活地移动放置在三脚架上的机身和镜头。

▣ EF 180mm f/3.5 L Macro USM

EF微距镜头里唯一的一支L系列镜头，特殊的用途使得它有着异于其他镜头的超强的影像还原能力，在它完美的MTF曲线的表现面前，几乎所有的L系列镜头都会黯然失色。

和全世界其他顶级微距镜头一样，它的最大光圈在分辨率上几乎已经可以达到最高了，而且解像力的全像场均匀度也异常完美。变形几乎为零。

它当然可以拍摄1倍放大率的近距离照片。180毫米的焦段对于拍摄昆虫和小动物来说是非常理想的，因为这样的题材是需要远距离拍摄的。对焦范围可以轻松地在0.48米到无穷远和1.5米到无穷远之间切换，适用于常规题材和需要"真正"微距的情况下。

它使用了3片UD镜片来校正二级色散，包含后组浮动结构来保证被摄体在任何距离上都可以得到锐利的表现。由于使用内对焦结构，对焦时镜身长度不会改变，所以也不必担心对焦时镜头会与被摄体接触到。环形超声波马达提供了安静的自动对焦，同时还具备全时手动调焦功能。

另外要提到的是这支镜头可以使用EF系列的增距镜，而加用增距镜不会改变镜头的最近调焦距离，因而同时也意味着提高了镜头的放大倍率，使用EF1.4×II增距镜或EF2×II增距镜可以使最大放大率增至1.4倍或2倍。

移轴镜头

曾经只有技术型相机才能实现，现在可以在EOS上更便捷地使用。

在摄影中，"平移"指通过将镜头进行垂直于光轴的移动来校正变形，"倾斜"靠改变镜头光轴与相机焦平面之间的垂直关系来控制调实焦距的区域。这两个技术的使用在大中画幅技术相机中比较常见，对于建筑摄影是至关重要的。

从前，如果你要想拍摄具有移轴效果的图片，多数需要使用大画幅的座机或者特殊的中画幅技术相机，但是实际上并不是所有的移轴摄影都需要如此大的画幅。TS-E镜头现在为35毫米AF相机完善了"平移"和"倾斜"的功能，使得这项专业性的摄影变简单了。

用广角镜头拍摄的时候，建筑物总是显得越到顶部越窄，趋向于画面顶部的一点。使用移轴镜头拍摄可以校正这种偏差。通过设置，相机的焦平面与墙面平行。将TS-E镜头向上平移，逐渐尖细的墙面会变为垂直的，这样可以保持建筑物的真实距形。

当然，反过来使用，你也可以加强建筑物的这种形变，TS-E镜头可以在±90度的范围内旋转，所以也可以实现水平的平移。使用这种技术拍摄接片也具有相当的优势，你就可以在拍摄全景时将一个场景横向分成若干个小画面，然后在边缘处将它们连接起来。这个技术说起来简单，但是用起来实际很麻烦，美国有些技术狂魔特别喜欢搞这些东西，效果相当令人震撼。

通过使用倾斜和平移系统，TS-E镜头大大拓展了EOS相机的表现范围，使它们可以做到很多从前只有中大型座机（或者称为技术相机）才能够做到的事情——校正透视形变和控制焦点范围。这就意味着你可以拥有35毫米胶片相机或数码相机的所有便携和快速的优势，包括可以拥有自动光圈控制，同时使自动曝光（AE）和包围曝光方式成为可能。特别要提醒一下：使用移轴功能之后机内的测光会变得非常不可靠，包围曝光还是挺重要的。

另外，这种移轴镜头的拍摄方式在拍摄画面中有可以反光的物体（尤其诸如橱窗或者金属物体）时有特殊的用途，可以有效防止相机和摄影师的影子出现在画面中。

要额外提到，移轴镜头的使用方法的限制只来自于摄影师的想象力，很多新颖的拍摄方式还在不停地为世界各地的摄影师所发明。

所有TS-E镜头的平移范围都是±11毫米，倾斜的调整范围在±8度角。

摄影：傅兴，Photo by Fu Xing
EOS 1Ds Mark II 机身，TS-E 24mm 移轴镜头，光圈优先，f/11 光圈，+1 级，2 秒快门，ISO 200

TS-E 镜头的强大表现力

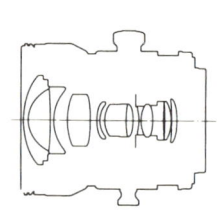

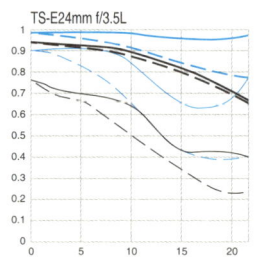

TS-E 24mm f/3.5L 详细规格：

焦距和最大光圈：24mm，f/3.5
光学结构：11 片 9 组
对角线视角：在一倍放大率时 84°
像场直径：58.6mm
倾斜 / 平移幅度：+ -8°/+ -11mm
旋转角度：+ -90°
调焦系统：手动对焦，全镜直线延长系统
最近调焦距离：0.3 米，0.14 倍放大率
滤镜口径：72mm
最大直径 × 长：78 × 86.7（mm）
重量：570 克
遮光罩：EW-75B II（附送）
（参考价格：9630 元）

摄影：傅兴，Photo by Fu Xing
EOS 1Ds Mark II 机身，TS-E 24mm 移轴镜头，光圈优先，f/11 光圈，+1.33 级，4 秒快门，ISO 200

移轴镜头的魅力不仅仅表现在建筑摄影中，在很多拍摄中，它都能为我们创造一个奇幻的世界。对于移轴摄影来说，倾斜与平移的动作都非常重要。通过倾斜改变光轴与焦平面之间的角度，可以轻易地拍到一张从近到远的所有物体都是清晰的照片——它的范围可以比收小光圈的效果更大。举个例子，当你需要图片的前景和远景都清晰时，除了常用的收小镜头光圈以外，你还可以使用 TS-E 镜头使光轴倾斜 ± 8 度，这样即便在比较大的光圈下，你也可以得到你需要的效果，而且同时可以兼顾更高速的快门。而另外的办法，当你想要更强烈的虚化背景时，利用倾斜的方式也可以最大程度地减小景深，大幅度反向倾斜镜头可以减少画面中合焦的区域。举个例子，如果在一幅肖像照片中，你只想让一个人的面部清晰而同一平面的其他部分都是模糊的，倾斜就可以创造出这种独特效果。

成功的移轴摄影中最重要的因素之一要是保证相机是水平架设在三脚架上的，而且一定要从取景器里确认画面构图的精确。这时候，我要强烈推荐使用取景器范围 100% 的专业相机（所有的 EOS-1 系列）或者通过使用 LCD 显示率为 100% 的相机回放检查拍摄效果也是可行的。不过对于职业摄影师来说，100% 的取景器范围依然是不可替代的。另外对于移轴摄影来说很重要的是：最好使用可换对焦屏的相机，然后换一个网格对焦屏来帮助你精确校准画面中的横向和纵向的线条。

▣ TS-E 24mm f/3.5L

35 毫米相机厂家中生产移轴镜头的不止佳能一家，不过，这支镜头却是所有移轴镜头中焦段最短的镜头之一（另一支 24 毫米的移轴镜头是奥林巴斯手动单反相机时代生产的，产量很少，造型超酷，一些收藏家很喜欢）——也就意味着设计难度是最高的。不过，视角更广对于越来越经常要在狭窄环境下拍摄图片的建筑摄影师的确具有非常实际的意义。

这支镜头对于大像场广角镜头容易出现的色散问题补偿得相当好，这要归功于一片特殊研磨的非球面镜片。镜片浮动对焦结构的设计保证了从 0.3 米到无穷远的整个对焦范围内都能带来相当高的影像质量，同时，也减小了镜头的体积和质量。

TS-E 24mm f/3.5L 也是佳能 3 支 TS-E 镜头中唯一的一支 L 系列镜头，由此也可以看出这支镜头具有相当广泛的应用。

这款镜头对于拍摄建筑内景和外景都特别有用，尤其在拍摄建筑物内景的时候，广角＋移轴的效果被很多职业摄影师所需要。不仅仅如此，在风光摄影和其它广角摄影中都有广泛的应用，事实上，很多钟情风光摄影的人士都认为，它比佳能其他广角镜头都有更广阔的创作潜力。

要特别说明的一点是，镜头的一个常识性的知识：更大的像场和更高的分辨率通常不能兼顾，如果想鱼和熊掌兼得，只能依靠提高成本来做到。客观地说，这款镜头由于扩大了像场范围，如果苛刻地要求分辨率，虽然也可以达到 L 系列镜头的水准，但会稍不及 L 系的其他顶级广角定焦镜头。另外，在移轴的情况下，建议你不要使用小过 f/11 的光圈。

TS-E 镜头的强大表现力

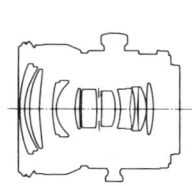

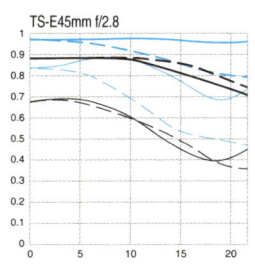

TS-E 45mm f/2.8 详细规格：

焦距和最大光圈：45mm，f/2.8
光学结构：10 片 9 组
对角线视角：51°
像场直径：58.6mm
倾斜 / 平移幅度：+ -8°/+ -11mm
旋转角度：+ -90°
调焦系统：手动对焦，后组对焦系统
最近调焦距离：0.4m，0.16 倍放大率
滤镜口径：72mm
最大直径 × 长：81 × 90.1（mm）
重量：645 克
遮光罩：EW-79B II
（参考价格：9240 元）

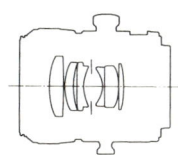

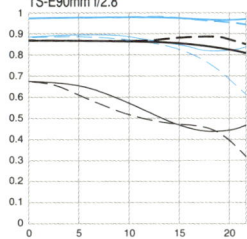

TS-E90mmf/2.8 详细规格：

焦距和最大光圈：90mm，f/2.8
光学结构：6 片 5 组
对角线视角：27°
像场直径：58.6mm
倾斜 / 平移幅度：+ -8°/+ -11mm
旋转角度：+ -90°
调焦系统：手动对焦。
最近调焦距离：0.5 米，0.29 倍放大率
滤镜口径：58mm
最大直径 × 长：73.6 × 88（mm）
重量：565 克
遮光罩：ES-65 III
（参考价格：9240 元）

TS-E 45mm f/2.8

建筑摄影拍摄的未必都是米兰教堂恢宏的外观或者伊斯坦布尔蓝色清真寺壮阔的穹顶。当你拍摄建筑物结构之类的图片时，或者想用镜头的平移功能来保持它们自然的透视关系时，这款 45 毫米的 TS-E 镜头就是你最佳的选择。它把浮动镜片结构和后组对焦系统融合起来，保证了在全程拍摄距离上可以尽量得到锐利、稳定的画面质量。由于滤镜接口在对焦过程中是不会旋转的，所以使用环型偏振镜或渐变灰镜也没有问题。

不过，这支镜头和 TS-E 90mm f/2.8 的分辨率特性类似，如果你指望移轴镜头既有更大的像场又有超过其他标准镜头的锐利程度，很显然会失望。不过，既然有那么多的摄影师用它，也不会差多少的。务实地考虑，不推荐使用太大和太小的光圈，f/8 或者 f/11 是最佳光圈。

TS-E 90mm f/2.8

移轴镜头一样可以通过控制镜头的光轴来调校影像的形变，同时调整处于合焦区域的范围，可以通过更精确的调整得到你所需要的特殊效果。但是，如果想真地挖掘出这些镜头的潜力，得到最好的影像，你需要理解更多的东西，而不仅仅是进行以上校正和调整。首先需要做到的是，你必须仔细观察被摄体的环境，并且明确拍摄的目的，这样才能真正了解到哪款镜头才是你最佳的选择——不要忘记 TS-E 镜头涵盖了从超广角到中焦的三个焦段。

TS-E 90mm f/2.8 是世界上第一款中焦移轴镜头，也是世界上焦段最长的 35 毫米相机系统的移轴镜头，因此使得移轴镜头具有新的适用范围，它在商品摄影、食物摄影、人像摄影和自然风光摄影等多方面都有用武之地。

TS-E 90mm f/2.8 采用的是六片五组的高斯型光学系统，90 毫米以上的镜头可以采用的光学结构有很多，它采用高斯系统考虑的主要还是在比较大的像场下可以有更均匀的光学质量。不过，高斯结构也不是完美无缺的，尤其要照顾更大的像场直径，这支镜头和 TS-E 45mm f/2.8 一样都不推荐使用太大和太小的光圈，f/8 或者 f/11 是最佳光圈，可以达到出众的影像表现力和十分自然的虚化效果。

特别要提到，使用反向转动来调整景深的定位，这使摄影师可以达到一般镜头甚至是大口径镜头都达不到的独特、新颖的摄影方式，这在广告摄影和人像摄影上都多有应用。

除了可以作为一般中长焦距镜头使用，TS-E 90mm f/2.8 也可以用作一只近距离工作的镜头。这支镜头最近对焦距离只有 0.5 米，可以进行有效的近距离摄影，它的最大放大倍率是 0.29 倍。拍摄商品的照片需要准确再现产品而不能有任何变形，中焦 TS-E 镜头提供了有效的移轴摄影方式，由此带来了自然的透视关系，是非常理想的选择。

TS-E 90mm f/2.8 和其他 TS-E 镜头一样只能进行手动调焦，但是它们都可以自动控制光圈，这要感谢内置的 EMD（电磁光圈）系统。目前全世界还只有 TS-E 系列镜头可以提供带 AE 功能的移轴摄影，因此可以带来更方便的曝光控制，这是 EOS 系统最早使用全电子接口的优势之一。

摄影：傅兴，Photo by Fu Xing
EOS 1Ds Mark 11 机身，TS-E 45mm 移轴镜头，光圈优先，f/11 光圈，1/60 秒快门，ISO 100

增距镜

增加焦距的轻便之选

 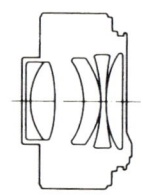  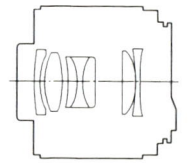

EF1.4 × Ⅱ 增倍镜详细规格：

光学结构：5 片 4 组
最大直径×长：72.8 × 27.2 (mm)
重量：220 克
(参考价格：2700 元)

EF2 × Ⅱ 增倍镜详细规格：

光学结构：7 片 5 组
最大直径×长：71.8 × 57.9 (mm)
重量：265 克
(参考价格：2500 元)

　　增距镜最重要的特性是，它们能够让你在不改变最近调焦距离的情况下起到增加焦距的效果。

　　也就是说：

　　1．你可以加长你所拥有的镜头焦距长度，来增加主体的视觉压缩效果；

　　2．你不会因此失去足够近的工作距离，也就意味着你可以使用长焦距镜头"更近"地去接近被摄主体。

　　当然，增距镜在多数情况下受欢迎的原因是它拥有轻便和小巧的特性，可以让你更加有效地使用你的长焦距镜头，特别是超长焦镜头。比如，一款 300 毫米的镜头，加上 EF1.4 × Ⅱ 增倍镜或者 EF2 × Ⅱ 增倍镜，可以轻松地把它变成 420 毫米或者 600 毫米超长焦镜头，更加轻松地拍摄到远距离的物体。增距镜同样可以应用在多款中长变焦镜头上，比如很多喜欢偶尔拍摄鸟类的摄影爱好者常把 70-200 毫米的变焦镜头配上 EF2 × Ⅱ 增倍镜，可以使镜头的最长焦距达到 400 毫米，同时镜头的大小重量也还可以接受。

多数 EOS 相机的中央自动对焦点可以令最大光圈 f/8 的镜头实现自动对焦，所以多数情况下你不用担心 AF 问题。

另外，新型的增距镜是带有防水防尘设计的，如果使用佳能 EOS 系列相机配合具有同样防潮防尘功能的 EF 镜头，那么可以使镜头的功能在极其苛刻的拍摄条件下被充分地利用。当然，最好的防水防尘性能被使用在 EOS 所有 1 系列的相机上。

■ EF1.4 × II 增倍镜

EF 系列增距镜中以这款的性能为高，可以使镜头的焦距增加 1.4 倍，同时最大实际光圈会减少一挡。而且它可以支持绝大多数镜头的自动对焦系统，当你想要保持镜头的灵活性和灵敏性，又不想损失太多光学质量时，这款增倍镜相当值得推荐。II 型是比较新的设计，镜身内部采用了更有效地减少眩光设计，被视为几乎可以彻底防止内反射，这在数码摄影中非常重要。EF1.4 × II 增倍镜新增加的特点也在于它的防尘防潮的构造。

总的来说，它的光学性能要好于 EF2 × II 增倍镜。

■ EF2 × II 增倍镜

这款增倍镜可以双倍增加镜头的焦距，使镜头能够在超长焦距的范围内理想地实现更大的视觉压缩。它同样具有同 EF1.4 × II 增倍镜一样的防尘防潮和降低眩光的设计。这些设计试图尽量让它减小对图片的质量或主镜头自身表现的影响。

匹配镜头：L 系列焦距在 135 毫米以上的定焦镜头和变焦镜头，比如说佳能 EF100-400mm f/4.5-5.6L IS USM、EF70-200mm f/2.8L IS USM、EF70-200mmf/4L USM、EF135mmf/2 L USM 等等。

■ 增倍镜使用说明：

1. 当把佳能 EF1.4 × II 或者 EF2 × II 增倍镜使用在佳能 EF100-400mmf/4.5-5.6L IS USM 上，或者把佳能 EF2 × II 增倍镜用在佳能 EF300mmf/4L IS USM、EF400mmf/4 DO IS USM、EF500mmf/4L IS USM、EF600mmf/4L IS USM 上时，能够使影像稳定器（IS）起作用的机身仅限佳能 EOS-1N 之后发布的机型。

2. 当把佳能 EF1.4 × II 增倍镜使用在佳能 EF100-400mmf/4.5-5.6L IS USM 上，或者把佳能 EF2 × II 增倍镜用在佳能 EF70-200mmf/4L USM、EF300mmf/4L IS USM、EF400mmf/4 DO IS USM、EF500mmf/4L IS USM、EF600mmf/4L IS USM 上时，只有以下相机能够支持自动对焦且仅限于中央对焦点：EOS-1V/HS、EOS-3、EOS-1Ds Mark III、EOS-1Ds Mark II、EOS-1Ds、EOS-1D Mark III、EOS-1D Mark II 和 EOS-1D。

3. 当把佳能 EF1.4 × II 或者 EF2 × II 增倍镜使用在佳能 EF70-200mmf/2.8L USM 上时，支持自动对焦的机身仅限具备多个对焦点的机型，且仅有中央对焦点可以自动对焦。

4. 当把佳能 EF1.4 × II 增倍镜使用在佳能 EF180mmf/3.5L Macro USM 上时，自动对焦范围仅限 0.8 米至无限远。

摄影：赵钢，Photo by Zhao Gang
EOS 1Ds Mark II 机身，300mmL 镜头，2×增距镜，手动曝光，f/2.8L 光圈，1/1250 秒快门，ISO 100

EF 系列变焦镜头（二）

摄影：王瑶，Photo by Zhai Dongfeng
EOS-1N 机身，EF28-70mmf/2.8L 镜头，手动曝光，f/8 光圈，1/4 秒快门，富士 Provia 100F 反转片
芬兰波尔沃小镇的成人仪式

变焦镜头

摄影作品多数是图片内容和影像质量的完美结合。但是在实际拍摄中,摄影者因为往往要在更快速的拍摄和更高的影像质量之间做权衡,所以定焦镜头和变焦镜头都有各自的地位。

变焦镜头最大的好处,它一支可以顶好几支定焦镜头来用,可以在拍摄时减少更换镜头的时间,也就意味着可以抓住更多精彩的瞬间,让你可以少些遗憾;另外,携带变焦镜头可以更好地控制你的摄影包的体积和重量,让摄影者有更多的体力和精力投入拍摄中。而事实上,注意一下很多大牌的摄影师,尤其是使用 EOS 的新闻摄影师和报道摄影师,EF16-35mm f/2.8L USM 和 EF70-200mm/2.8L IS USM 是他们最心仪的配置。

从我个人的出发点来讲,一张图片,除非是突发性的、绝无仅有的内容,否则,摄影者都应该尽可能地提高它的影像质量。理论上,变焦镜头的成像依然很难和定焦镜头相比较,因此变焦镜头只可能在便利性和成像之间做折中。但是,我们也不能无视厂家对于发展变焦镜头成像质量所做出的卓越努力和成绩。

而我是一个对各种有趣拍摄方式有浓厚兴趣的人,出于高速拍摄的诱惑也会不时使用一些 L 系列的变焦镜头。我也承认佳能 L 系列变焦镜头之中的一些即便是以比较高的要求来衡量,也已经非常接近 L 系列定焦镜头的成像质量了。总的来讲,L 系列变焦镜头的成像质量和操控性也是目前所有生产 AF 镜头的厂家里最完善的,而它们的口碑从销量上看也得到了全球职业摄影师强烈的肯定。

当然,这种选择和个人拍摄题材以及拍摄风格是密切相关的。从带来高质量的画面素质的角度,你可以把定焦镜头作为主力镜头,变焦镜头作为必要的补充;而有些摄影师可能正好相反,捕捉到精彩的瞬间对他们来讲是最重要的,我们的确要看到,历史上很多伟大的照片都不是完美成像质量的产物,即便分辨率再高一点或者再细腻一些也不会更加感人。

总的来讲,记住以下规律对于你使用变焦镜头会有帮助:

1. L 系列的变焦镜头在分辨率上通常不及 L 系列的定焦镜头,但是色彩表现能力和 L 系列定焦镜头差别不大;

2. L 系列变焦镜头在色彩表现上通常比非 L 系列定焦镜头要好;

3. 中长焦变焦镜头通常长焦段的成像不及中焦段;

4. 标准变焦镜头通常在广角端存在桶型畸变,中焦段存在枕型畸变,需要你利用构图技巧来弱化这个缺点;

5. 超广角变焦镜头通常更广的一端变形更严重;

6. 就焦外成像的效果而言,变焦镜头和定焦镜头的差距很大。

超广角变焦镜头

让你靠近你所拍摄的物体，带来独特的广度和深度

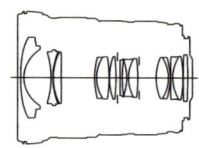

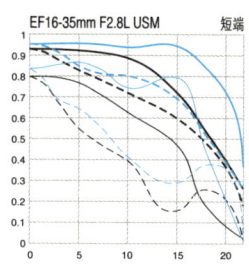
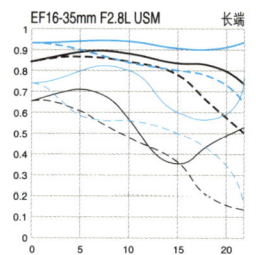

EF 16-35mm f/2.8L USM 详细规格：

焦距和最大光圈：16-35mm，f/2.8
光学结构：14 片 10 组
对角线视角：108°10′-63°
调焦系统：环形 USM 超声波马达，内对焦系统，全时手动对焦
最近调焦距离：0.28 米，0.22 倍放大率
最小光圈：22
光圈叶片：7
变焦系统：旋转型
滤镜口径：77mm
最大直径×长：83.5 × 103 （mm）
重量：600 克
遮光罩：EW-83E （附送）
（已停产）

短焦距变焦镜头对于大多数摄影领域都很重要，它的广阔视角符合人眼四顾观察眼前景物的方式，而且很容易带来超过视觉习惯的、有冲击力的图片。

广角镜头最大的要求就是得到广阔的视角和透视感，你对广角镜头了解越多，这一要求就会更强烈。超广角变焦镜头在你调整透视时为你提供了寻找你想要的画面的乐趣。同时，它也是感光元件面积小于35毫米胶片相机的数码单反相机的迫切需求，EOS 400D或者EOS 40D这样的相机装上这样的镜头后，也可以感受到在大范围变化的视角中寻获广角摄影的乐趣。

当然，要得到这些特征之外最重要的东西，还是对于广角镜头与摄影之间关系的更深入的体会。使用好超广角变焦镜头，你必须具有一双富有经验的眼睛，但积累这种经验的本身也是充满乐趣的，因为你挖掘得越深，器材和技术对于你的帮助也就会变得越有效。

从实用性来说，超广角变焦镜头是真正多才多艺的镜头。不论应用在室外拍摄或者在狭窄的室内拍摄都很方便。狭窄的室内，你不可能距离被摄体很远，这时，你就需要用到广角镜头的优势，它不仅可以使你拍摄大群的人，还可以囊括周围的环境。当对运动中的物体进行抓拍时，你可以使用最短焦距端跟随主体，当时机成熟时调到长焦段固定下最佳的画面。当然，你也可以用镜头的短焦距端的效果来表现主体与背景之间的对比，这样就能够将镜头的功能发挥到极致。在肖像摄影中这种效果在距离被摄体很近进行拍摄时可以用来表现一种身临其境的感受。

对于超广角变焦镜头来说，透视的控制是非常重要的。透视是超广角摄影中给人印象最强烈的效果，焦距越短，透视效果越强烈，近处的物体令人感觉更近，而远处的物体令人感觉更远。比如在拍摄一个广阔的陆地风景时，你可以借用几朵浮云放在主体的后面，来给画面增加一些抽象意味，使天空看起来好像永远向远方延伸，或者在画面构成中放进一棵单独的枯树，来加强这一地点的孤独感。在拍摄肖像时，你可以走近被摄体两三步，来为主体和背景增加一些统一性，给这张照片以现场感。

不过当你使用最广的视角进行拍摄时，需要注意的是，它容易导致"无主体"的效果，也就是说会缺乏吸引注意力的中心（这算是初用超广角镜头的摄影者的通病）。你必须避免过分依赖视角的广阔，取而代之的是，你要时刻记住使人注意到你的照片三个基本元素——广度、深度、主题。如果你是一个初学者，尝试着用超广角镜头时，给你的图片加个足够引起注意的前景，这很重要。

另外需要提醒的是，无论选择哪一支超广角的变焦镜头，你都需要在逆光的时候非常小心地使用，它们通常要比其他镜头更容易产生鬼影和眩光。

超广角变焦镜头的应用范围非常广，而且易于和其他镜头配合使用，所以如果你打算走职业摄影之路，值得考虑把它定为你最早购置的专业镜头之一。

摄影:赵钢 Photo by Zhao Gang
Canon EOS-1Ds Mark II 机身,EF 16-35mm/2.8L II 镜头,手动曝光,f/5.6 光圈,1/160 秒快门,ISO 400,手动白平衡

摄影：王建军，Photo by Wang Jianjun
EOS-1Ds Mark II 机身，16-35mmL 镜头，光圈优先，-1/3 级，f/10 光圈，1/160 秒快门，ISO 100

摄影：赵钢，Photo by Zhao Gang
EOS 1Ds Mark II 机身，16-35mmL 镜头，手动曝光，f/8 光圈，1/320 秒快门，ISO 100

 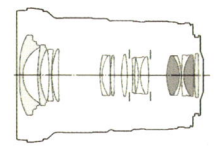

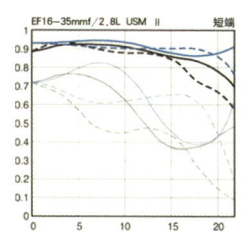 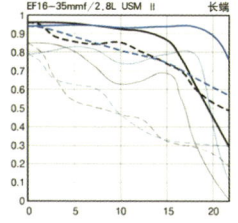

EF16-35mmf/2.8L USM Ⅱ详细规格：

焦距和最大光圈：16-35mm，f/2.8
光学结构：16 片 12 组
对角线视角：108°10′-63°
调焦系统：环形超声波马达，后组调焦系统，
全时手动对焦
光圈叶片：9 片
最近调焦距离：0.28 米，0.22 倍放大率
滤镜口径：82 mm
镜头尺寸：88.5 x 111.6（mm）
重量：635 克．
遮光罩：EW-88（附送）
（参考价格：10320 元）

◉ EF 16-35mm f/2.8L USM

　　超广角变焦镜头的设计难度相当高，以高质量镜头闻名于世的德国镜头厂家对于此类镜头的设计都非常的保守，目前市场上流通的也只有区区数款，卡尔·蔡司唯一的一款自动对焦的 Vario-Sonnar T* 17-35mm f/2.8 镜头已经停产；徕卡 M 的系列的 Tri-Elmar-M 16-18-21mm f/4 ASPH 三焦距镜头实际上并不能说是一支严格意义上的"变焦镜头"，R 系列的变焦使用者则非常少。

　　佳能的这支 EF16-35mm f/2.8L USM 以拥有 EF 变焦镜头中最广的视角、超大的光圈、大变焦和高速的 AF 性能而自豪。类似焦段的 EF 镜头有多代，最早的 EF20-35mmf/2.8L USM 就是一支描写能力非常强的镜头，很多器材爱好者都认为它的成像质量要甚至要超过后面两代镜头。客观地说，对于胶片相机而言，这是有可能的，主要原因在于它的广角端只到 20 毫米，设计难度会低不少。第二代的 EF17-35mmf/2.8L

USM 的主要贡献在于扩展了视角，它在多数焦段的光学质量上也保持了前代的高水准。由于素质好而且二手市场上价格不高，这两代镜头现在都很受爱好者的欢迎。

第三代的 EF16-35mm f/2.8L USM 出现在数码时代，由于数码相机对于镜头的质量要求更高，因此它在设计上做了比较大的改进。它是 EF 镜头历史上第一支拥有三种非球面镜片（研磨、复合、玻璃模铸）的镜头，三片非球面分布在最前面两片和最后一片，带来很高的分辨率。主要考虑分辨率，这支镜头的最佳光圈界乎于 f/8 和 f/11，再小的光圈下，衍射效应会明显地降低分辨率。

它在 16 毫米端有明显的桶形畸变——不过这是超广角变焦镜头的通病，全球几乎无一例外；在 35 毫米端的变形则已经很微弱了。超广角变焦镜头的通病之二是暗角，全开光圈下 16 毫米端有接近 1.5 挡的暗角，如果在大光圈下使用要注意。

超广角变焦镜头的通病之三是偏色，不少厂家的同类镜头类似问题都很严重。EF16-35mm f/2.8L USM 在后组使用了两片超低色散镜片来纠正各种各样的成像偏差，以达到相当锐利、高对比度和高质量的画面，残留的色差、眩光和鬼影也得到很好的控制，色彩表现也相当不错，没有明显的色彩偏差。使用圆形光圈使虚化的部分更加漂亮，背景模糊得更自然。所以无论你是用传统胶片相机还是数码相机，都会得到出众的影像质量表现。事实上，它也是 EF 系列看家的超广角变焦镜头。

这个焦段的镜头是新闻摄影师的最爱，因此防尘和防潮设计就显得格外重要。要说明的是防尘、防潮设计特别适用于：EOS-1V/HS、EOS-1Ds Mark Ⅲ、EOS-1Ds Mark Ⅱ、EOS-1Ds、EOS-1D Mark Ⅲ、EOS-1D Mark Ⅱ 和 EOS-1D 等相机。

该镜头最近调焦距离达 0.28 米，也是一项值得夸耀的指标。

EF16-35mmf/2.8L USM Ⅱ：

这支镜头是 EF 16-35mm f/2.8L USM 的升级版。虽然在焦距上没有任何变化，但是光学结构是完全重新设计过的，12 组 16 片的镜片中使用了 2 片 UD 超低色散镜片以及 3 片非球面镜（又是一支使用了三种不同非球面制造技术的镜头），能够更有效地校正畸变、提高画质。镜头滤镜口径也由之前的 77 毫米增加到了 82 毫米，考虑到很多 L 系列镜头的滤镜都是 77 毫米的，使用新镜头意味着可能需要额外购买偏振镜之类的滤镜系统。不过，这肯定能够带来更高的画质，而且可以符合未来更高像素的数码相机在解像力上更严格的要求。实际上，EF16-35mmf/2.8L USM Ⅱ的确比上一代 EF16-35mmf/2.8L USM 有更好的分辨率和明显减轻的暗角。

另外一些细节部分也有改进，优化了镜片镀膜，调整了镜片位置以减少空气面，可以更有效抑制超广角变焦镜头常出现的鬼影和眩光。另外厂家特别强调使用圆形的光圈设计带给新镜头更好的散景效果等等，不过升级主要还是为了更好地适应佳能顶级数码相机的要求，现在看来比较直观的是 16 毫米端的成像质量有了比较明显的提升。

镜身设计依然采用了高级别的防尘防水滴的设计，整体重量则比上一代产品增加了 35 克左右。

摄影：毕远月，Photo by Bruce Yuanyue Bi
EOS 5D 机身，16-35mmL II 镜头，光圈优先，-1/3 级，f/5.6 光圈，1/5 秒快门，ISO 250

摄影：摄影：刘展耘，Photo by Liu Zhanyun
EOS 1Ds Mark II 机身，17-40mmL 镜头，手动曝光，f/9 光圈，1/60 秒快门，ISO 200

超广角变焦镜头

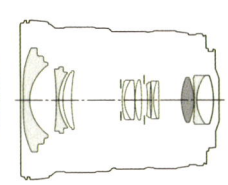

EF17-40mm f/4L USM 详细规格：

焦距和最大光圈：17-40mm f/4
光学结构：12 片 9 组
对角线视角：104°-57°30'
调焦系统：环形 USM 超声波马达，内对焦系统，全时手动对焦
最近调焦距离：0.28 米，0.24 倍放大率
变焦系统：旋转型
最小光圈：f/22
光圈叶片：7
滤镜口径：77mm
最大直径×长：83.5×96（mm）
重量：475 克
遮光罩：EW-83E（附送）
（参考价格：4960 元）

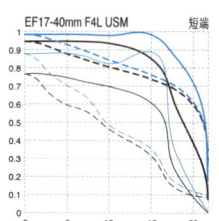
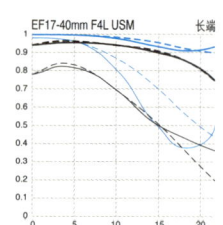

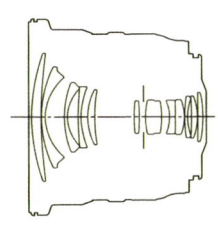

EF20-35mmf/3.5-4.5 USM 详细规格：

焦距和最大光圈：20-35mm，f/3.5-4.5
光学结构：12 片 11 组
对角线视角：94°-63°
调焦系统：环形 USM 超声波马达，内对焦系统，全时手动对焦
最近调焦距离：0.34 米，0.13 倍放大率
变焦系统：旋转型
滤镜口径：77mm
最大直径×长：83.5×68.9（mm）
重量：340 克
遮光罩：EW-83 II
（参考价格：3510 元）

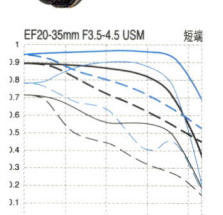
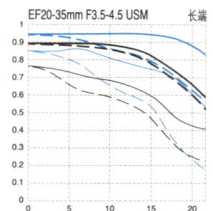

摄影：奚志农，Photo by Xi Zhinong
EOS 1Ds Mark II 机身，17-40mmL 镜头，手动曝光，f/5.6 光圈，20 秒快门，ISO 800
由夏勒博士率领的一支考察队穿越羌塘之后进入了三江源地区。由于现代数码技术的发展，才有可能呈现出星空下的宿营地。

EF17-40 毫米 f/4L USM 高性价比推荐

    EF 17-40mm f/4L USM 是 L 系列里最便宜的一支镜头，但是我强烈推荐你关注这支镜头。

    超广角变焦镜头很多年以来不仅仅一直是新闻摄影师、纪实摄影师的最爱，也越来越多地被其他领域的摄影师所接受，成为快速拍摄不可缺少的镜头。

    这款超广角变焦镜头可以让你拍摄出宽广视角的照片，就连使用感光元件面积小于 35 毫米胶片的数码单镜头反光相机也不例外。这对于很多使用 APS-C 尺寸 CMOS 数码相机的用户非常重要，而它也是我最多推荐给 400D、40D 系列摄影爱好者用于升级的镜头。

    L 系列的超广角变焦镜头有多代，f/2.8 规格的超广角系列一向以高素质著称。不过我个人始终更喜欢 EF 17-40mm f/4L USM。

    EF 17-40mm f/4L USM 是 2003 年初推出的，是在 10D 推出之后发布的。它覆盖了年轻摄影师们最爱的从超广角的 17 毫米到标准的 40 毫米的焦距范围。厂家宣传这是一支胶片、数码相机两用的镜头。由于数码相机对于镜头的要求要超过传统的胶片相机，所以这支镜头下料也很足，其中第 1 片的玻璃铸模非球面镜片口径达到 55 毫

摄影：刘展耘，Photo by Liu Zhanyun
EOS 1Ds Mark II 机身，17-40mmL 镜头，手动曝光，f/13 光圈，1/80 秒快门，ISO 100

米，在 EF 系列镜头中是最大的；第 2 片和第 11 片也是非球面镜片；第 10 片是 UD 玻璃镜片，用于对放大型色差提供尽可能精准的校正。镀膜也根据数码相机的要求做了特殊的处理，眩光和鬼影也被控制在尽可能小的范围。厂家宣称其"光学特性与 EF16-35mm f/2.8L USM 镜头在同一标准上"，全程变焦范围内最近调焦距离都维持在 0.28 米，和 EF16-35mm f/2.8L USM 镜头也是相同的，可以在构图上为摄影者带来便利。

从实用的效果来看，无论是使用在胶片相机上或者数码相机上，EF 17-40mm f/4L USM 成像和 EF 16-35mm f/2.8L USM 成像差别都不大，总的来说，两支镜头在超广角端解像力上几乎没有差别，而 EF 17-40mm f/4L USM 在较长端的成像要比 EF 16-35mm f/2.8L USM 明显好。解像力的均匀度方面，两支镜头都是收小一挡光圈后会得到巨大改善，而整体上还是 EF 16-35mm f/2.8L USM 要略略胜出。

但是自从1Ds MARK II 发布之后，苛刻的使用者指出它在四角的色散问题上没有EF 16-35mm f/2.8L USM 解决得好；暗角控制和 EF 16-35mm f/2.8L USM 在伯仲之间；通过严格的测量，变形控制比 EF 16-35mm f/2.8L USM 还要好一点。根据数码相机的实拍，最佳光圈界乎于 f/11 和 f/16 之间。

当然，如果你没有打算使用定焦镜头，而且又很在乎现场光拍摄，也可以使用 EF 16-35mm f/2.8L USM，毕竟大了一挡光圈。不过考虑到 EF 17-40mm f/4L USM 的价格只有 EF 16-35mm f/2.8L USM 的一半不到，我觉得还是前者超值，尤其适合配合 24mm f/1.4L 或者 35mm f/1.4L 这样的定焦镜头使用，可以兼顾方便性和最好的成像质量。

在 EF 24-105mm f/4 L IS USM 上市之前，它也是我最常用的4支L系列镜头中唯一的一支变焦镜头。

需要提到的是，它和现在所有的 L 系列镜头一样拥有出众的防尘防水性能，而且体积轻重量小，使它极其便于外出拍摄。它的前组镜片在调焦时不会旋转，所以无论使用偏振镜还是其它滤镜都很方便。

对于爱好旅行的摄影师来说，它如果与 EF70-200mm f/4L IS USM 镜头配合使用，你几乎可以在任何地方拍出你想要的画面。

最后要指出一点不足，EF 17-40mm f/4L USM 卖得便宜也是有代价的，除了光圈小以外，它也远远没有同时代的 EF 16-35mm f/2.8L USM 镜头皮实，如果你经常带着它到处跑，还是尽量避免各种大大小小的磕碰。

◉ EF20-35mm f/3.5-4.5 USM

这是一款价格合理的、质量轻、紧凑型的广角变焦镜头，是胶片时代最超值的两只 EF 镜头之一（另一支是EF28-135mm f/3.5-5.6 IS USM）。

它覆盖了最常用的广角焦距段，大滤镜口径和内变焦结构有助于校正畸变和其它误差，在整个焦距范围内提供出众的影像表现力。在安静、快速的自动对焦之外，还有全时手动对焦，前组镜片不转动以及宽变焦环设计使得这款镜头使用起来非常简便易用。该镜头还附带一个用来阻挡多余光线的花瓣形遮光罩。如果你是以拍摄胶片为主，并且需要一款性价比非常高的超广角变焦镜头，或者你很喜欢旅游，它都是一个不错的选择。

标准变焦镜头
从初学者到大师的全面性选择

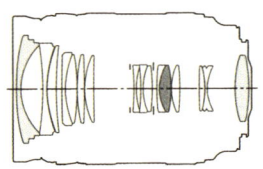

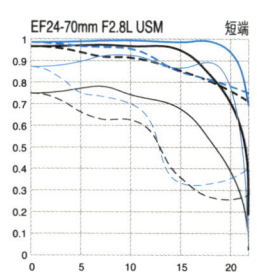
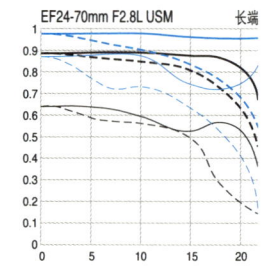

EF24-70mm f/2.8L USM 详细规格：

焦距和最大光圈：24-70mm f/2.8
光学结构：16 片 13 组
对角线视角：84°-34°
调焦系统：环形 USM 超声波马达，内对焦系统，全时手动对焦
最近调焦距离：0.38 米，0.29 倍放大率
最小光圈：22
变焦系统：旋转型
滤镜口径：77mm
最大直径×长：83.2 × 123.5（mm）
重量：950 克
遮光罩：EW-83F（附送）
（参考价格：8750 元）

　　标准变焦镜头，包括从广角到标准再到中长焦的焦距段，这种镜头通常是摄影初学者步入镜头世界的第一步，但常常也是顶尖摄影师最常用的镜头。变焦区域以最接近人眼一般透视的 50 毫米焦距为中心，从可以包括整个场景的宽阔的广角端一直到集中视线于其中一点的中长焦段，都非常接近人的视觉习惯。

你可以用这种镜头将世界拍摄成像你所看到的一样。尤其是在家庭外出度假和日常生活摄影中，你遇到的多数情况它都非常容易解决。

对于初学者来说，其实使用定焦镜头学习是最好的，不过，多数人并没有这个条件，反倒是标准变焦镜头是更常见的选择。使用这种镜头的一个简便方法是，用广角端框住整个场景，然后调到中长焦段来抓取每个引起你的注意力的细节。当你找到了镜头的感觉的时候，你可以让眼睛先离开取景器看看焦段，慢慢的，你就会从不同的视角、不同焦距的透视关系，以及背景上处于焦点之外的物体的虚化程度的变化中找到你自己的喜好。这是使用这种镜头的好处之一，因为在你观察你要表现的物体时，它能够准确再现你所看到的物体的样子。

如果你在同类镜头中寻找在低照度条件下更具表现力的、焦外成像效果更好的镜头，当然的选择是 EF24-70mm f/2.8L USM 镜头；如果你需要更机动灵活的拍摄而又对成像质量有苛刻的要求，EF 24-105mm f/4 L IS USM 是不二之选；但如果不太在意专业的成像质量的话，类似 EF24-85mm f/3.5-5.6 USM 镜头提供了更轻的重量和紧凑的镜身设计。

EF24-70mm f/2.8L USM

一款大光圈标准变焦镜头，这支镜头是在 EOS 全面转型数码化之后研发的，在 2002 年 9 月推出，用来替代原有的 EF 28-70mm f/2.8L USM，厂家宣传是为特别适应数码单反相机而设计的。当然，实际上它同样也适用于传统相机。

光学结构为 16 片 11 组的 EF 28-70mm f/2.8L USM 焦段很实用，但是有不少摄影者对它的成像有些微辞，觉得它比早年的 EF 28-80mm f/2.8-4L USM 并没有什么进步。

这次最新的 EF 24-70mm f/2.8L USM 算是下了猛药：使用了两种非球面镜片，包括两片高成本的特殊精细研磨的玻璃非球面镜片，结合一片 UD 镜片来校正色差；优化的镜头镀膜在使用数码相机时会有更好的反光抑制效果，这些经常出现在广角镜头中的设计保证了这款镜头更高的画面质量。

它第一次将 L 系列标准变焦镜头的广角端扩展到了更常用的 24 毫米，因此即便在配合感光元件面积小于 35 毫米胶片相机的数码单反相机时也可以在一定程度上拍摄广角照片。

这支镜头具有严密的防尘、防潮结构。另一方面，安静、迅速的自动对焦系统，全时机械手动调焦，宽变焦环设计，又使这款镜头易于使用。同时，环形光圈提供了美丽的虚化效果。最近调焦距离从上一代的 0.5 米缩短到了 0.38 米，影像放大率是 0.29 倍，使这款镜头在近距摄影中也比较理想。总而言之，这是一款比较均衡、全面素质很高的镜头，这一点从成像上也可以得到验证——没有令你意外惊喜的刻画能力，但是总体上不会让你失望。

不过遗憾的是这支镜头还是没有用 IS 技术，也许是保守，也许是为了保证更好的画面质量吧。和 EF 24-105mm f/4 L IS USM 相比，EF24-70mm f/2.8L USM 不仅仅在最大光圈上有整整一级的优势（这对于喜欢现场光摄影的摄影师来讲非常重要，现场光线多数情况下要比干预性的使用闪光灯美妙得多！）；同时，EF24-70mm f/2.8L USM 在 24 毫米端有更好的变形控制；另外，它有更加可靠的机械性能以及更好的耐用性；最后，它的焦外成像明显要更好一些。

摄影：刘展耘，Photo by Liu Zhanyun
EOS 1Ds Mark II 机身，24-70mmL 镜头，手动曝光，f/9 光圈，1/60 秒快门，ISO 200

摄影：管祖北，Photo by Guan Zubei
EF24-70mm, f/2.8mmL USM

标准变焦镜头
更高像素，更轻便，更易使用

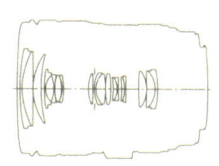

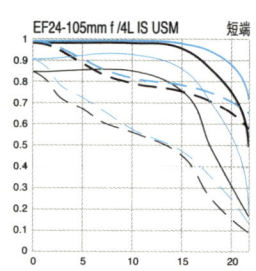

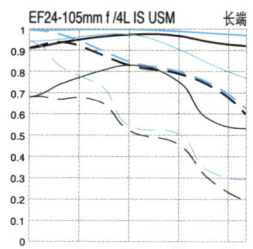

EF 24-105mm f/4 L IS USM 详细规格：

焦距和最大光圈：24-105mm，f/4
光学结构：18 片 13 组
对角线视角：84°-19°20'
调焦系统：环形 USM 超声波马达，内对焦系统，全时手动对焦
最近调焦距离：0.45 米，0.23 倍放大率
最小光圈：22
变焦系统：旋转型
滤镜口径：77mm
最大直径×长：83.5 × 107（mm）
重量：670 克
遮光罩：EW-83H（附送）
（参考价格：7800 元）

摄影：李鹏 Photo by Li Peng
Canon EOS-5D 机身，EF 24mm 镜头 f/1.4L USM，自动曝光，曝光补偿：-1，ISO 320，f/11 光圈 1/250 秒快门，自动白平衡

◉ EF 24-105mm f/4 L IS USM

一支令我爱恨交加的镜头,优点非常突出但并非完美无暇。它是我目前最常使用的 L 系列变焦镜头,也值得强力推荐给大家。

这支方便好用的 F4 恒定光圈标准变焦 L 镜头使用了一片超低色散镜片(UD)和三片非球面镜片(第 4、第 11、第 16 片),用于尽可能地控制畸变和色差。内置最新的影像稳定器(IS)功能,降低三级快门速度依然可以得到清晰的影像,开启防抖时间约为快门半按后 0.5 秒钟,比老的 IS 技术提高了差不多一倍。而且它可以自动判断是否使用三脚架,使用三脚架时会关闭防抖功能。它还使用了更好的多层镀膜技术以及优化的镜片排放位置,可以有效抑制鬼影和眩光。采用圆形光圈,可全时手动对焦,并具有良好的防尘防潮性能。这一切都使得这支镜头看起来完美异常!

不过,它也有不好的一面,就是广角端的桶性畸变和其他 L 系列镜头相比实在太明显了,在取景器里就一览无余(而它最长端的枕型畸变控制相对还好一些,不是很容易觉察)。不过,这支镜头的其他特性实在是太优秀了,我只能奉劝大家,在最广角端尽量使用构图技巧来弱化它的畸变,特别是不要把明显直线的物体(电线杆、窗户、墙角线等)放在靠近四边的位置。

和它的老大哥 EF24-70mm f/2.8L USM 相比,EF 24-105mm f/4 L IS USM 体积更小,重量也减少了很多,而最长焦段则延长到了更为实用的 105 毫米。虽然最大光圈小了一级,但是如果你不是拍摄运动的物体,可以降低三级快门速度的 IS 功能在多数时候更为实用。结合非常高的光学素质,如果你很喜欢旅游摄影,那么毫无疑问,它会是你的最爱!

要着重指出的是,根据很多职业摄影师的使用经验,EF 24-105mm f/4 L IS USM 的锐度也要高于 EF24-70mm f/2.8L USM。因此我更推荐这支镜头。

花絮

使用 L 系列变焦镜头的另一个重要原因

很多对影像质量要求苛刻的摄影师都是以使用定焦镜头为主,我也是其中一员。

不过,即便如此,我还是会在身边常备一支 L 系列的变焦镜头,除了用于特殊情况下的快速拍摄以外,另一个很重要的原因是 L 系列的广角定焦镜头发布的年代比较早,多数不具备和 EOS-1 系列匹配的防水防尘性能。而往往越是在复杂天气条件下越是有好照片,所以如果想在天气不好的条件下拍照片,你总是要准备一支焦段常用的又具有防水防尘性的备用镜头。曾经我的选择是 EF 17-40mm f/4L USM,而现在是 EF 24-105mm f/4 L IS USM。

摄影：毕远月，Photo by Bruce Yuanyue Bi
EOS 5D 机身，24-105mmL 镜头，手动曝光，f/6.3 光圈，1/3 秒快门，ISO 250

摄影：赵嘉，Photo by Zhao Jia
EOS 1Ds Mark II 机身，24-105mmL 镜头，程序曝光，f/10 光圈，1/250 秒快门，ISO 400
当时我在伊拉克、叙利亚、土耳其交界的一个冲突地区拍照，有时候当地的朋友会安排我乘坐一辆防弹汽车，因为玻璃很厚，我很罕见的在晴朗的白天把机身的ISO调到了400，并切换到自动曝光和手动对焦，以便能迅速的按下快门。

摄影：摄影：赵嘉，Photo by Zhao Jia
EOS 1Ds Mark II机身，24-105mmL镜头，程序曝光，f/5光圈，1/50秒快门，ISO 200
土耳其，伊斯坦布尔的渔市。渔市的光线通常很昏暗，24-105mmL的最大光圈只有f/4，我不敢全开光圈，又不愿意提高ISO，指望IS功能能帮助到我一点。

轻便型标准变焦镜头
不要错过拍摄机会

一支轻巧、便携的标准变焦镜头通常是从 28 毫米焦段开始,便于你追求不断变化的表达方式。通常来讲它的变焦范围覆盖了从广角到中长焦距,这与人眼的观察范围是非常接近的,也就意味着它可以顺利地拍摄下像人眼看到的一样的被摄体。

所以它适用于各种摄影方式,从室外风光摄影、室内抓拍、群像拍摄到自然摄影。它的表现手段相当多样,举例来说,当你在拍摄风景照片时,它可以用来表现景色的雄伟,你也可以使用它来表现局部的细节,或是把这一点周围的环境也囊括进来去表现它们之间的关系。当然,你也可以凝固下其中某个物体令人难忘的瞬间。

合理地运用一只轻便型标准变焦镜头的能力在于把握拍摄中动与静的关系。调至长焦段你可以拍摄一个奔跑中的孩子的笑脸,或者你也可以调至广角端,记录下整个场景中的事件。如果你想充分发挥一支轻便变焦镜头的能力,要记住,轻便型标准变焦镜头的特性之一是收小光圈后会带来成像质量比较大的提高,如果你想更多地享受大光圈下的美妙世界,还是考虑定焦镜头吧。

EF24-85mm f/3.5-4.5 USM

EF24-85mm f/3.5-4.5 USM 详细规格:

焦距和最大光圈:24-85mm f/3.5-4.5
光学结构:15 片 12 组
 对角线视角:84°-28°30′
调焦系统:环形 USM 超声波马达,内对焦系统,全时手动对焦
最近调焦距离:0.5 米,0.16 倍放大率
变焦系统:旋转型
滤镜口径:67mm
最大直径×长:73 × 69.5(mm)
重量:380 克
遮光罩:EW-73 II

一款 3.5 倍大变焦比广角标准变焦镜头,使用多组可移动镜片变焦系统,并且使用了一片非球面镜片,使镜头在各焦距段都能提供锐利的影像质量,在胶片时代是很受欢迎的一支高性价比镜头。

同时,该镜又具有轻便、紧凑的镜身设计。环形超声波自动调焦马达结合内对焦系统,提供安静、快捷的对焦表现。全时手动调焦使你不用调整对焦模式就可以对焦点进行调整,加之滤镜接口不转动的设计,提高了镜头的表现力。花瓣形遮光罩在广角端时它可以有效地阻挡多余的光线进入镜头。

EF28-80mm f/3.5-5.6 II

EF28-80mm f/3.5-5.6 II 详细规格：

焦距和最大光圈：28-80mm f/3.5-5.6
光学结构：10 片 10 组
对角线视角：75°-30°
调焦系统：前组旋转向前延伸系统，带微型马达
最近调焦距离：0.3 米，0.26 倍放大率
变焦系统：旋转型
滤镜口径：58mm
最大直径×长：67 × 71（mm）
重量：220 克

    一款覆盖了最常用焦距段的轻便型的标准镜头，从 28 毫米的广角到 80 毫米的中长焦距。可以防止眩光的光圈随着变焦移动位置，它位于眩光最易产生的第二组和第三组镜片之间。在最长焦距和最大光圈下能够提供锐利、高反差的图像。迅速、宁静的自动对焦系统使用了微型超声波马达。它还装备了易于使用的宽变焦环。作为胶片时代一款具备出众的便携性和低廉的价格的标准变焦镜头，是单镜头反光相机理想的入门使用镜头。

EF35-80mm f/4-5.6 III

EF35-80mm f/4-5.6 III详细规格：

焦距和最大光圈：35-80mm f/4-5.6
光学结构：8 片 8 组
对角线视角：63°-30°
调焦系统：前组旋转向前延伸系统，带微型马达
最近调焦距离：0.4 米，0.23 倍放大率
变焦系统：旋转型
滤镜口径：52mm
最大直径×长：66 × 63.5（mm）
重量：175 克

    极轻便的镜身设计使一款标准变焦镜头具有出众的价格优势和在整个变焦范围内高反差和清晰的影像表现。全程最近调焦距离是 0.38 米，在 80 毫米时即可拍摄明信片大小的近距离摄影（影像放大率 0.25 倍）。镜筒前可以附加一个刺刀形遮光罩（EW-54 II），有手动对焦能力。对焦时前组镜片会旋转，给偏振镜的使用会带来不便。

EF28-90mm f/4-5.6 II USM

EF28-90mm f/4-5.6 II USM 详细规格：

焦距和最大光圈：28-90mm f/4-5.6
光学结构：10 片 8 组
对角线视角：75°-27°
调焦系统：前组旋转向前延伸系统，带微型超声波马达
最近调焦距离：0.38 米，0.3 倍放大率
变焦系统：旋转型
滤镜口径：58mm
最大直径×长：67 × 71（mm）
重量：190 克

  这是一款轻便型标准变焦镜头，变焦系统巧妙地使最长焦距达到 90 毫米的同时保持镜身全长很短。第九片镜片为非球面镜片，用于校正变焦时带来的影像偏差，帮助在全程对焦距离上获得良好质量的画面效果，同时也减少了镜片的数量。自动对焦系统使用微型超声波（USM）马达，对焦宁静而迅速。

EF28-90mm f/4-5.6 II / EF28-90mm f/4-5.6 III

EF28-90mm f/4-5.6 II 详细规格：

焦距和最大光圈：28-90mm，f/4-5.6
光学结构：10 片 8 组
对角线视角：75°-27°
调焦系统：前组旋转向前延伸系统，带微型马达
最近调焦距离：0.38 米，0.3 倍放大率
变焦系统：旋转型
滤镜口径：58mm
最大直径×长：67 × 71（mm）
重量：180 克

EF28-90mm f/4-5.6 III 详细规格：

焦距和最大光圈：28-90mm，f/4-5.6
光学结构：10 片 8 组
对角线视角：75°-27°
调焦系统：前组旋转向前延伸系统，带微型马达
最近调焦距离：0.38 米，0.3 倍放大率
变焦系统：旋转型
滤镜口径：58mm
最大直径×长：67 × 71.2（mm）
重量：190 克

    EF28-90mm f/4-5.6 II 型镜头在镜身轻便、价格低廉的方面有非常好的表现。这款 3 倍变焦镜头在设计上与 EF28-90mm f/4-5.6 II USM 镜头一样，应用了四组全移动变焦结构的光学系统使镜头的全长降至最短，并且将第九片镜片设计为非球面镜片。它具备不错的像差校正能力，镜片数量也比较少。出于成本考虑没有使用超声波马达，不过微型电动马达带来的自动对焦效果也算比较安静而迅速。

    此外，EF28-90mm f/4-5.6 III 型镜头和它的前一代使用相同的光学系统和几乎完全相同的结构特征，但它具备了为配合 E-TTL 闪光系统而设计的距离信息测量元件，使得相机在自动闪光时可以读取镜头的距离数据来进行计算。

28-105毫米标准变焦镜头

横跨广角镜头和中焦镜头的使用范围

EF28-105mm f/3.5-4.5 II USM 详细规格：

焦距和最大光圈：28-105mm f/3.5-4.5
光学结构：15片12组
对角线视角：75°-23°20'
调焦系统：环形超声波马达，后组调焦系统，全时手动对焦
最近调焦距离：0.5米，0.19倍放大率
变焦系统：旋转型
滤镜口径：58mm
最大直径×长：72×75（mm）
重量：375克
遮光罩：EW-63 II
（参考价格：1950元）

EF28-105mm f/4-5.6 USM 详细规格：

焦距和最大光圈：28-105mm f/4-5.6
光学结构：10片9组
对角线视角：75°-23°20'
调焦系统：环形超声波马达，后组调焦系统
最近调焦距离：0.48米，0.19倍放大率
变焦系统：旋转型
滤镜口径：58mm
最大直径×长：67×68（mm）
重量：210克
遮光罩：EW-63B

EF28-105mmf/4-5.6 详细规格：

焦距和最大光圈：28-105mm f/4-5.6
光学结构：10片9组
对角线视角：75°-23°20'
调焦系统：带有小型马达的内对焦系统
最近调焦距离：0.48米，0.19倍放大率
变焦系统：旋转型
滤镜口径：58mm
最大直径×长：67×68（mm）
重量：210克

摄影:赵嘉,Photo by Zhao Jia
EOS-3机身,28-105mm镜头,程序曝光,RDP Ⅱ反转片
印度,蓝色之城Jodhpur

对于喜爱日常拍摄的EOS相机的使用者来说，28-105毫米镜头集合了相当有吸引力的特征。它能让你在眨眼间轻松实现广角和中长焦距的转换，不论是你想看到要求特别强调突出前景的28毫米广角拍摄的画面，还是能够压缩画面前景的105毫米中长焦镜头拍摄的画面，或者在中间的50毫米标准镜头的自然效果，它都可以轻松做到。轻巧结实的镜身使它成为非常实用的镜头，可以适用于多种类型画面的拍摄，从拍摄主体的特写到广阔风光的远景，一个镜头就可以完成。

▣ EF28-105mm f/3.5-4.5 II USM

它和它的前一代产品都是很受摄影爱好者欢迎的，多组变焦系统组合成这支小巧轻便的变焦镜头，这是一款可以获得优秀质量画面的高性价比变焦镜头。最近调焦距离是0.5米。自动对焦采用了超声波马达和内对焦系统，所以它既快又安静。它的全时手动对焦装置可以让你在不改变自动对焦模式的情况下，迅速用手动进行焦点的细微调节。宽变焦环和第一组镜片不旋转设计提供优质的操作性。

▣ EF28-105mm f/4-5.6 USM

在同类级别的标准变焦镜头中是最轻的。新的光学系统的设计包含了移动的5个光学组。使用一个非球面镜片补偿成像的偏差，使镜头能够在全程对焦距离内获得高质量的画面。内对焦系统和超声波马达的结合可以给你一个满意的安静和快速的自动对焦装置。这支镜头可以在最短0.48米的对焦距离内拍摄，这是一个非常近和私人的距离。它的第一组非旋转的镜片设计可以使它比以往更加容易使用偏振镜和其他镜头附件。

▣ EF28-105mmf/4-5.6

这一款镜头拥有与EF28-105mm f/4-5.6 USM镜头相同的光学系统。唯一的区别是没有使用超声波马达（USM），不过用于驱动自动对焦的微型马达也可以提供相对高速安静的自动对焦效果。

它是标准变焦镜头焦段的延伸，在广角端可以达到常见的28毫米，长焦距端则可以达到135毫米甚至200毫米，提供5倍到7倍的高变焦比。这对于旅游摄影来说非常实用。当你出外旅行而背囊里又没有足够的空间携带一大堆各种焦距镜头的时候，一只高变焦比的镜头不仅占用空间不多，而且还可以给你多种焦段功能合一的使用感受——从广角、标准镜头到中焦甚至长焦距。另外，多数时候它还具有你不能够忽视的不错的放大倍率。

28-135mmf/28-200mm 变焦镜头

高放大倍率让你取景更自由

EF28-135mm f/3.5-5.6 IS USM 详细规格：

焦距和最大光圈：28-135mm f/3.5-5.6
光学结构：16 片 12 组
对角线视角：75°-18°
调焦系统：环型 USM 马达，内对焦系统，全手动对焦
最近调焦距离：0.5 米，0.19 倍放大率
变焦系统：旋转型
滤镜口径：72mm
最大直径×长：78.4 × 96.8（mm）
重量：540 克
遮光罩：EW-78B
（参考价格：3500 元）

EF28-200mm f/3.5-5.6 USM 详细规格：

焦距和最大光圈：28-200mm f/3.5-5.6
光学结构：16 片 12 组
对角线视角：75°-12°
调焦系统：带有微型 USM 马达的内对焦系统
最近调焦距离：0.45 米，0.28 倍放大率
变焦系统：旋转型
滤镜口径：72mm
最大直径×长：78.4 × 89.6（mm）
重量：500 克
遮光罩：EW-78D
（参考价格：3390 元）

EF28-200mm f/3.5-5.6 详细规格：

焦距和最大光圈：28-200mm f/3.5-5.6
光学结构：16 片 12 组
对角线视角：75°-12°
调焦系统：带有小型马达的内对焦系统
最近调焦距离：0.45 米，0.28 倍放大率
变焦系统：旋转型
滤镜口径：72mm
最大直径×长：78.4 × 89.6（mm）
重量：495 克
遮光罩：EW-78D

摄影：奚志农，Photo by Xi Zhinong
EOS-1N 机身，28-135mmf/3.5-5.6 IS 镜头，
云南德钦,从上世纪70年代以来，滇西北地区的原始森林就开始了大规模的商业采伐。由于地处高寒地区，
原始森林的恢复几乎是不可能的。30年过去了，当年的采伐迹地仍然惨不忍睹。

它是标准变焦镜头焦段的延伸，在广角端可以达到常见的 28 毫米，长焦距端则可以达到 135 毫米甚至 200 毫米，提供 5 倍到 7 倍的高变焦比。这对于旅游摄影来说非常实用。当你出外旅行而背囊里又没有足够的空间携带一大堆各种焦距镜头的时候，一只高变焦比的镜头不仅占用空间不多，而且还可以给你多种焦段功能合一的使用感受——从广角、标准镜头到中焦甚至长焦距。另外，多数时候它还具有你不能够忽视的不错的放大倍率。

高变焦比镜头优势还在于可以让拍摄者快速地进行景物捕捉，展现主体和背景的空间透视，可以达到多种镜头能够达到的效果。28-135mm/28-200mm 能够几乎像眼睛一样快地在广角和长焦距之间进行变换，让你在转瞬间拍摄到完美的构图。使用这款镜头可以帮助你发现新的摄影艺术的世界。

在不远的过去，高变焦比镜头还是劣质成像质量的同义语，但是随着光学设计上的进步，特别是铸模非球面技术的进步，可接受的高质量的高变焦比镜头也出现在 L 系列镜头中。

EF28-135mm f/3.5-5.6 IS USM

这是一款在胶片时代深受爱好者好评的优秀镜头。

它也是最早配有防抖装置（IS）的 EF 系列镜头之一，它可以让你在手持拍摄的情况下，使用比正常拍摄速度低两挡的快门速度进行稳定拍摄（以"1/焦距"秒的快门速度为依据，被认为是没有防抖装置手动拍摄的极限）。虽然有大约 5 倍的变焦比，这款镜头的镜身设计还是很紧凑的，这要归功于使用了紧凑的电磁光圈和多组变焦系统，这款镜头在高速拍摄的情况下也能工作得非常好。光学系统使用了磨制非球面玻璃透镜，有助于克服像场内的弯曲、球差以及在整个变焦范围内通常所会产生的失真，从而得到高质量清晰的图片。这支镜头于 1998 年发布，并成为那个时代 EOS 使用者标志性的镜头，很多摄影爱好者为这支高性价比镜头良好的光学素质和 IS 技术革命性的成就而折服，因此投入佳能旗下。

操控方面，高速安静的自动对焦系统要归功于环型超声波马达的使用以及内对焦系统。这支镜头可以提供全时手动对焦，不旋转的第一组镜片，便于偏振镜的使用。

EF28-200mm f/3.5-5.6 USM

这款变焦镜头以拥有超大的 7 倍变焦比为优势。第四透镜组中使用的是铸模非球面镜片，第 14 透镜组中使用了玻璃附膜制非球面镜片，使得镜头在整个变焦范围内都能够得到高质量的画面，也保障了轻巧的镜身设计。两组内置的对焦系统使最近调焦距离达到了 0.45 米。微型超声波马达的使用使得自动对焦快速而且安静。不会旋转的第一组镜片令偏振镜的使用更加现实方便。

EF28-200mm f/3.5-5.6

这款镜头有与 EF28-200mm f/3.5-5.6 USM 镜头相同的光学系统，也是小巧轻重量的高放大倍率的变焦镜头。唯一的区别是它的自动对焦系统使用了一个微型马达而不是超声波马达。

EF28-300mm f/3.5-5.6L IS USM

高变焦比＋高素质＋高价格的 L 系列变焦镜头：几乎可以承担所有景别的拍摄

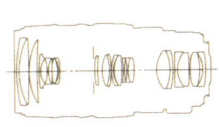

EF28-300mm f/3.5-5.6L IS USM 详细规格：

焦距和最大光圈：28-300mm, f/3.5-5.6
光学结构：22 片 16 组
对角线视角：75˚ -8˚ 15`
调教系统：环形 USM 马达, 内对焦系统, 全时手动对焦
最近调焦距离：0.7 米, 0.3 倍放大率
最小光圈：22-40
光圈叶片：8
滤镜口径：77mm
最大直径×长度：92 × 184（mm）
重量：1670 克
遮光罩：EW-83G （附送）
（参考价格：18300 元）

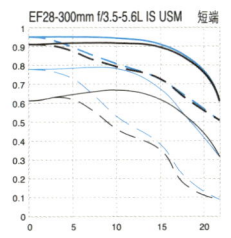
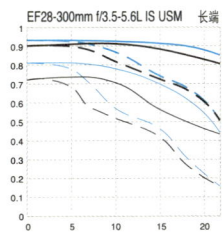

"一镜走天涯"是很多人的美好梦想，如果你是一个拍摄目标明确而又有强烈个人风格的摄影师，是可以实现的，甚至有一些著名的摄影师在长时期的拍摄过程中只使用一支定焦镜头（参见《兵书十二卷》中《最少的镜头配置》一卷，由中国摄影出版社出版）。不过，特别强烈的个人风格多数也就意味着为此你要放弃很多其他的拍摄可能，或许你不想这样做，而是对周遭的很多事情都有着强烈的好奇心。这在旅游摄影中非常常见，旅行者面对的是和日常生活完全不同的体验，一切都是那样的新奇，所以，会想把一切令你兴奋的感觉都记录下来，而携带不同的器材、更换镜头之类的事情或许会让很多旅行者感到厌倦，这样"一镜走天涯"这个想法就有了不少认同者。如果你真地发现你有那么多可以感到新奇的东西需要——记录，

那么这支 EF28-300mm f/3.5-5.6L IS USM 大概是最适合你使用的镜头，它有你需要的一切以及优质的光学质量，不过代价不菲。

这支镜头提供了从 28 毫米到 300 毫米近乎 11 倍的变焦比，因此带来无与伦比的便利，可以满足多种构图需要。从具有明显透视线条的 28 毫米广角端，到能有效地把远处物体拉近、压缩透视的强大的 300 毫米长焦。从焦段上看，使用者只需带着这一支镜头就能拍摄几乎任何物体。你可以用 28 毫米广角端拍摄壮观的风景，也可以调至 300 毫米的长焦端来拍摄远处的事件。你可以拍摄任何你能看到的、想要拍的东西；此外，影像稳定系统还可以帮助你在比较暗的光线下或者手持拍摄时依然能够感受到 L 系列镜头的影像质量。

想想看，一场运动会上，你只用一支镜头就可以既拍摄宽阔的体育场又可以跟拍运动员的运动，捕捉他们敏捷的动作，是不是很爽？不过，条件是光线要足够好，使得你在长焦端 f/5.6 的光圈下能获得足够高的快门速度。这时候我们要庆幸数码技术的发展，现在佳能的 35 毫米专业顶级数码相机高 ISO 下的成像效果比原来的专业高速反转片还要好。

在这支镜头发布之前，EOS 系列曾经有一支 35 – 350mm 的超高变焦比 L 系列镜头，主要是为新闻摄影师使用。这支镜头进一步缩短了广角端的焦距，并达到 11 倍的超大变焦倍率，使得它的实用性更加提高了，得益于光学技术的进步，成像质量也有了提高。

如果想它在实现近于 11 倍的变焦范围的同时还能够符合 L 系列镜头的影像质量，当然付出的代价是高昂的，这支镜头的价格相当的贵，事实上，它是 EOS 所有变焦镜头中最贵的！它使用了三片超低色散（UD）镜片来校正全焦段范围内可能出现的色差；同时它还使用了三片非球面镜片，其中包括 2 片玻璃铸模非球面镜片和 1 片复合非球面镜片，因此色差和变形控制得都还算不错，分辨率也尚可。为了适合数码相机的使用优化了镜头镀膜并且精心调整了环保的无铅镜片的位置，可以更有效地抑制在数码相机上容易出现的鬼影和眩光。

这款镜头使用的影像稳定系统可以补偿接近 3 挡的快门速度，使用者可以充分利用它的能力使用 300 毫米的长焦段拍摄，并解决一部分在光照不充足的情况拍摄时常遇到的难以保持影像稳定的问题。此外，它的另一个独特之处是采用了一种变焦环摩擦力控制系统，这使得变焦操作更加便捷自由。

作为一支需要"一镜走天涯"的镜头，满足在各种恶劣环境下的拍摄自然很重要，EF 28-300mm f/3.5-5.6 L IS USM 具有防尘防潮的设计，在镜头接环、开关面板、变焦环、对焦环等处都做了密封处理，具备优异的防尘防潮性能，可以在非常恶劣的条件下工作。

这款镜头同样具备高速自动对焦和全时手动对焦系统。作为一款高质量的超级变焦镜头，不考虑大光圈以及极限的光学质量要求的因素，它几乎能够满足从专业摄影师到业余爱好者的全部需要。

不过，从我个人来讲，我并不支持靠变焦镜头"一镜走天涯"的概念。同样的价钱，我宁愿选择 EF 24-105mmf/4 L IS USM 加 EF 70-200mm f/4L IS USM 的镜头组合，当然，这是从成像质量的角度来考虑的了。

摄影：赵嘉、Photo by Zhao Jia
EOS 1Ds Mark II 机身，28-300mmL 镜头、程序曝光，-1/3 级，f/5.6 光圈，1/160 秒快门，ISO 100
西藏，我当时坐在一辆运送漂流船的卡车去林芝，突然看到一只很大的鹰在远处的公路上散步，很巧机身上装着 28-300mmL 镜头，我推到最长焦段探身出车窗迅速拍下这张有趣的照片。

70-200毫米变焦镜头

自然地捕捉远景画面和富有戏剧性的场面

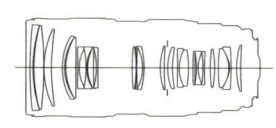

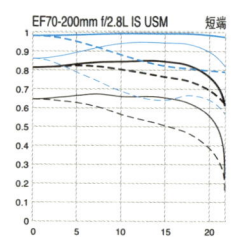
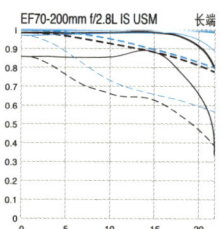

EF70-200mm f/2.8L IS USM 详细规格：

焦距和最大光圈：70-200mm　　f/2.8
光学结构：23 片 18 组
对角线视角：34°-12°
调焦系统：环形超声波马达，后组调焦系统，全时手动对焦
最近调焦距离：1.4 米，0.17 倍放大率
滤镜口径：77mm
最大直径×长度：86.2mm × 197（mm）
重量：1470 克
遮光罩：ET-86（附送）
（参考价格：12980 元）

摄影：毕远月，Photo by Bruce Yuanyue Bi
EOS 5D 机身，70-200mmf/2.8L IS 镜头，光圈优先，-1/3 级，f/4.5 光圈，1/400 秒快门，ISO 200
巴黎

70-200毫米镜头跨越了从中焦到长焦的焦段，历来为EOS系列所重视，同时也被摄影师和高级爱好者充分印证为L系列变焦镜头中最具有实用性能的两个焦段之一（另一款是超广角变焦镜头，见P135）。

　　如果你对你所拍摄的题材和影像质量都持严谨的态度，它几乎是必备的镜头。EF70-200mm镜头全部是L系列的，客观地说，你不用过多考虑它们在成像上的不同，它们最大的不同仅仅在是否使用图像稳定器以及最大光圈不同带来的差异。

　　对于是否使用变焦镜头以及应该在什么时候使用变焦镜头，即便是顶尖摄影师之间也有不同的答案。

　　对于摄影初学着来说，中长焦变焦镜头的价值不仅仅在于可以方便地控制构图，而且它可以给你带来观察事物方式上的提高。

　　很多摄影者在刚刚开始拍照时总是觉得眼前的景象很有趣而立刻按下快门，他们常犯的一个错误是忘记了图片中最重要的元素之一：主体。

　　当你的眼睛被一个事物或者事件吸引之后，你需要发现并选择一个你真正的兴趣点，这通常就是所谓的"主体"。然后你要做的事情是通过构图来强化它的表现来成为你的作品，这通常意味着你需要在它身边加入或者减少一些元素。而这种方式通过使用一支中长焦变焦镜头最容易拥有满意的效果。这种镜头通常涵盖了70毫米或80毫米中焦距到200毫米长焦距，也就是说从容易产生非常自然景深效果的中焦镜头到明显的长焦效果，视觉效果上会有很大的变化。它对于你观察事物的方法也有很好的训练作用。

　　即便EOS系列在中长焦段有很多L系列的高质量定焦镜头，但是L系列的70－200毫米变焦镜头的地位依然是不可替代的。从销量来讲，它们更受欢迎。

　　对于不同的摄影领域来讲，高素质的70－200毫米变焦镜头是善于捕捉高速运动瞬间的镜头。在体育摄影和新闻摄影中很多有趣的场景，因为其高速的运动和节奏性的距离的改变，只有通过快速的变焦和对焦才能被捕捉。对于一些转瞬即逝的影像，比如抓拍人像，如果需要一些较近距离的特写，同时要照顾到漂亮的模糊背景，这个焦段的镜头也很适合。而对于风光摄影师来说，这个焦段的变焦镜头意味着灵活的焦段、高素质的影像，同时你可以用它来精细地试验构图，它几乎可以适应一切拍摄需要。

　　对于摄影爱好者来说，如果你对摄影非常非常的认真，这是一款十分理想的可以体验摄影工作的镜头。

摄影：曾岩，Photo by Zeng Qing
EOS 300D 机身，70-200mmf/2.8L 镜头

摄影：刘刚，Photo by Liu Gang
EF70-200mm f/2.8L USM 镜头

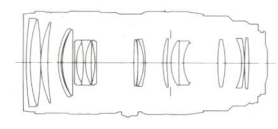
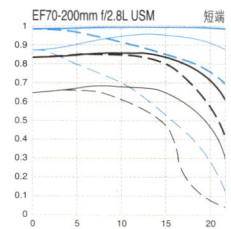
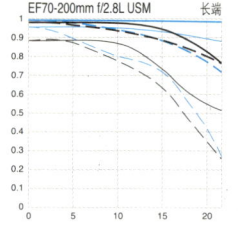

EF70-200mm f/2.8L USM 详细规格：

焦距和最大光圈：70-200mm　f/2.8
光学结构：18 片 15 组
对角线视角：34°-12°
调焦系统：环形超声波马达，后组调焦系统，全时手动对焦
最近调焦距离：1.5 米/5.5 英尺 0.16 倍放大率
滤镜口径：77mm
最大直径×长度：84.6×193.6（mm）
重量：1310 克
遮光罩：ET-86（附送）
（参考价格：8700 元）

◉ EF70-200mm f/2.8L IS USM　高性价比推荐

　　带有 IS 功能的 EF70-200mm f/2.8L IS USM 是在 2001 年 8 月推出的，光学结构达到了 23 片 18 组，而它前一代的 EF 70-200mmf/2.8L USM 只有 18 片 15 组，加上新型的 IS 系统，重量从 1310 克增加到了 1570 克。虽然价格也提高了不少，但还是得到了使用者的肯定，毫无疑问是因为 IS 系统的应用。

　　使用了最新图像稳定器，在半按下快门钮后影像稳定功能可以瞬间生效（在 0.5 秒后），这比第一代 IS 系统快了将近一倍的时间。这还是佳能第一支可以在快门速度降低 3 挡下使用（以前的只能降低 2 挡）的 IS 镜头，而且在三脚架或者独脚架上使用时，可以消除由于反光板回落而引起的影像模糊。

　　这款镜头的对焦速度非常快，不过，我听不少要求苛刻的体育摄影师反映这支镜头在拍摄运动物体时候 AF 的准确性和速度都还有待提高。

摄影：赵钢，Photo by Zhao Gang
EOS 1Ds Mark II 机身，70-200mmf/2.8L IS 镜头，手动曝光，f/8 光圈，1/400 秒快门，ISO 100

良好的防尘防潮特性使其可以在恶劣的环境下使用。改进之后的影像系统提高了对比度，我询问的摄影师们多数都认可新款的 EF70-200mm f/2.8L IS USM 可以产生更锐丽的画面质量。虽然这里面有光学结构改进的因素，但是通过仔细分析两只镜头架设在三脚架上拍摄的图片可以看出，提高的影像质量很大一部分原因还是来自于 IS 系统。

基于"1/焦距"秒的快门速度常被认为是没有影像稳定系统的情况下手持摄影时快门速度的最低极限。实际上，使用 "极限"快门或者比它更高一两级的快门在很大程度上依然存在发生手振的风险，只是程度不是很严重，不做放大时会容易被忽视。而这种情况下，使用 IS 技术依然可以很大程度地提升图片的质量。所以从主观上会容易得出带有 IS 功能的 EF70-200mm f/2.8L IS USM 比前一代产品成像质量有明显提高的印象。

另外的进步还包括最近拍摄距离也减少到 1.4 米；在卡口处、开关面板、变焦环和对焦环等处采用了防尘防水设计；此外，它配合 EF 1.4X Ⅱ 和 EF 2X Ⅱ 依然可以实现自动对焦和 IS 功能，这也是不少摄影师看重的。

从画质上看，70 毫米到 135 毫米焦段的表现都非常好，200 毫米端在分辨率、反差、四角成像上都有相当程度的下降。

从实拍中得到的另一个有价值的信息是 EF70-200mm f/2.8L IS USM 在反差上比 EF70-200mm f/2.8L USM 有所提高。反差是 EF70-200mm f/2.8L USM 曾经被批评的主要因素。虽然开玩笑的时候我经常把 EF70-200mm f/2.8L USM 的反差问题归咎于国内空气质量不好之类，但是我个人还是觉得目前 L 系列的中长焦变焦镜头应该进一步提高反差，现在 EF70-200mm f/2.8L IS USM 的效果还是略嫌柔和，色彩的表现也不及其他 L 系列定焦镜头有味道，这也是我自己较少使用变焦镜头的一个重要原因——事实上，我经常背着沉重的 EF 85mm/F1.2L USM 和 EF 200mm f/1.8L USM 到处跑。

EF70-200mm f/2.8L USM

这支镜头受到中国摄影爱好者强烈而且广泛的喜爱，大家亲切地称它 "小白"。

"小白"是一支素质非常高的变焦镜头，它使用的 4 片低折射的 UD 镜片可以有效地纠正色差，可以在各种复杂的光线条件下表现出锐丽、干净的画面。环形 USM 和内对焦系统又快又安静。全时手动对焦。使用 EF1.4X Ⅱ 增距镜或者 EF 2 X Ⅱ 增距镜变成 98-280mm f/4 或者 140-400mm f/5.6，同时还可以保持 AF 功能。

虽然考虑到在中长焦镜头上 IS 功能很实用，很多人改用了新款的带有 IS 的 "小白"，但是如果你在意的多数是架在三脚架上得到的光学质量，相信我，老款的 EF70-200mm f/2.8L USM 已经足够好了。

需要指出的一点不足是，EF70-200mm f/2.8L USM 在长焦段的成像并不能令我感到满意，在加用了增距镜之后情况会更加严重，因此，不推荐你在使用大光圈拍摄时拉长到极限。

70-200 毫米变焦镜头

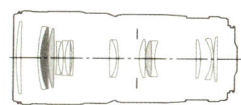

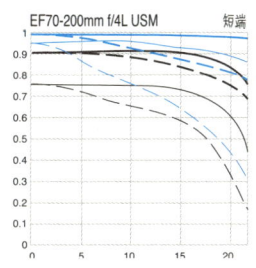
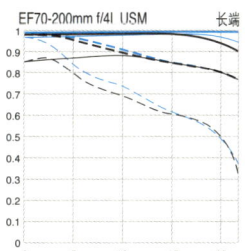

EF70-200mm f/4L USM 详细规格：

焦距和最大光圈：70-200mm　　f/4
光学结构：16 组 13 片
对角线视角：34°-12°
调焦系统：环形超声波马达，后组调焦系统，全时手动对焦
最近调焦距离：1.2 米 /3.9 英尺 0.21 倍放大率
滤镜口径：67mm
最大直径×长度：76 × 172（mm）
重量：705 克
遮光罩：ET-74（附送）
（参考价格：4920 元）

EF70-200mm f/4L IS USM 金牌推荐

70-200mm f/4 这种规格的镜头如果在胶片时代，绝对不会作为 L 系列镜头受到如此欢迎的，f/4 的光圈对于惯于追求低速胶片细腻效果的职业摄影师来讲，无论如何都是太小了一点。而在数码时代，数码单反相机可以轻易地改变感光度设定，而且 EOS 专业相机的高感光度下的影像质量在多数情况下已经超越了高速反转片的效果，因此，小一点的光圈反倒不是制约性的问题了。

这支镜头是 2006 年 8 月发布的，之前不带 IS 功能的 EF70-200mm f/4L USM 上市已有 7 年。EF 70-200mm f/4L USM 光学素质相当出色，也轻巧便携，不过，随着数码单反相机的普及，用户很容易在电脑上看到 100％比例的图像，这样，由于最大光圈不够大在暗光下容易造成图像模糊的问题就比较明显地被"揪"出来了。这种情况下，增加光学影像稳定器（IS）就成为它品质提升的必然选择。

也是由于 IS 技术的使用，EF 70-200mm f/4L IS USM 光学上改为 20 片 15 组的结构，其中包括 1 枚萤石玻璃镜片和 2 枚超低色散（UD）镜片，从整体效果来看，比它的前一代要更加锐利，分辨率上不输定焦镜头许多。它的最近调焦距离和前一代相同：1.2 米；也采用环形超声波马达驱动镜头来获得宁静而迅速的自动对焦，同时具有全时手动对焦功能。更完善的密封效果提高了防尘及防水滴的性能。

要提到的是，新的 IS 光学影像稳定器可以获得相当于最多降低 4 挡（！！）快门速度的防抖动效果。作为一支小光圈的中长焦镜头，它会极大地帮助你拍摄到更加清晰照片。

从实用的选择来看，EF 系列两支 70-200mm f/2.8 规格的镜头当然都有非常好的成像质量，但是重量都不轻，长时间拍摄即使对于训练有素的职业摄影师来说也是个巨大的考验。要是你是一位女性摄影者，那真的是……严重需要鼓励。因此这支镜头超级推荐女性爱摄影人士以及所有摄影者在旅行中使用！

EF70-200mm f/4L USM

705 克的重量，轻便紧凑的镜身，使其非常便于携带。沿用 EF70-200mm f/2.8L USM 的命名方式，它被大家称为"小小白"。

"小小白"的价格不贵，不过 1 片萤石玻璃镜片和 2 片 UD 镜片组成的影像系统能够很好地消除二级色差，提供非常好的成像质量。最近拍摄距离为 1.2 米，0.21 倍的放大率使拍摄特写性画面成为可能，这些都是它受欢迎的重要原因。如果再配上一支 EF17-40mm f/ 4 L USM 镜头和一支小闪光灯，你就可以很方便地在旅途中享受摄影，不用再携带沉重的摄影包了。

同时，对于很多摄影师来说，中长焦变焦镜头虽然不常用，但是缺了又不行，这时候，物美价廉的 EF70-200mm f/4L USM 是个不错的选择。

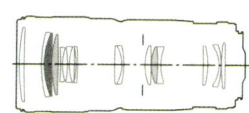

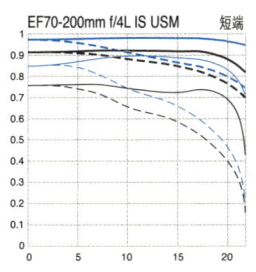
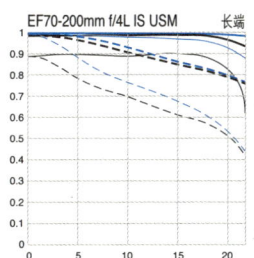

EF70-200mm f/4L IS USM 详细规格：

焦距和最大光圈：70-200mm　f/4
光学结构：20 片 18 组
对角线视角：34°-12°
调焦系统：环形超声波马达，后组调焦系统，全时手动对焦
最近调焦距离：1.2 米，0.21 倍放大率
滤镜口径：67mm
最大直径×长度：76 × 172（mm）
重量：760 克
遮光罩：ET-74（附送）
（参考价格：8240 元）

摄影：赵嘉，Photo by Zhao Jia
EOS-1V 机身，70-200mmf/4L IS 镜头，手动曝光，f/8 光圈，1/125 秒快门，富士 RDP Ⅲ 反转片
斯洛伐克

300 毫米变焦镜头
差异性设计为你提供多种选择

EF70-300mm f/4.5-5.6 DO IS USM 详细规格：

焦距和最大光圈：70-300mm　　f/4.5-5.6
光学结构：18 组 12 片
对角线视角：34°-8°15′
调焦系统：环形超声波马达，后组调焦系统，全时手动对焦
最近调焦距离：1.4 米，0.19 倍放大率
变焦系统：旋转式
滤镜口径：58mm
长度×直径：82.4×99.9（mm）
重量：720 克
遮光罩：ET-65B
（参考价格：9470 元）

EF70-300mm f/4-5.6 IS USM 详细规格：

焦距和最大光圈：75-300mm　　f/4-5.6
光学结构：10 组 15 片
对角线视角：32°11′－8°15′
调焦系统：前组旋转推进式加微型马达
最近调焦距离：1.5 米
滤镜口径：58mm
长度×直径：78.5×132.2（mm）
遮光罩：ET-65B
重量：650 克
（参考价格：4300 元）

EF 75-300mm f/4-5.6 III USM 详细规格：

焦距和最大光圈：75mm-300mm f/4-5.6
光学结构：13 片 9 组
对角线视角：32°11′－8°15′
调焦系统：前组旋转推进式，超声波马达
最近调焦距离：1.5 米，0.25 倍放大率
滤镜口径：58mm
长度×直径：71 × 122 （mm）
重量：480 克
（参考价格：1670 元）

EF90-300mm f/4-5.6 USM 详细规格：

焦距和最大光圈：90mm-300mm f/4.5-5.6
光学结构：13 片 9 组
对角线视角：27°－8°15′
调焦系统：前组旋转推进式，超声波马达
最近调焦距离：1.5 米，0.25 倍放大率
滤镜口径：58mm
长度×直径：71 × 114.7 （mm）
重量：420 克
（参考价格：1400 元）

EF75-300mm f/4-5.6 III 详细规格：

焦距和最大光圈：75mm-300mm f/4-5.6
光学结构：13 片 9 组
对角线视角：32°11′－8°15′
调焦系统：前组旋转推进式，超声波马达
最近调焦距离：1.5 米，0.25 倍放大率
滤镜口径：58mm
长度×直径：71 × 122 （mm）
重量：480 克
（参考价格：1300 元）

EF90-300mm f/4-5.6 详细规格：

焦距和最大光圈：90mm-300mm f/4.5-5.6
光学结构：13 片 9 组
对角线视角：27°－8°15′
调焦系统：前组旋转推进式，超声波马达
最近调焦距离：1.5 米，0.25 倍放大率
滤镜口径：58mm
长度×直径：71 × 114.7 （mm）
重量：420 克
（参考价格：1150 元）

EF80-200mm f/4.5-5.6 II 详细规格：

焦距和最大光圈：80-200mm f/4.5-5.6
光学结构：10 片 7 组
对角线视角：30°-12°
调焦系统：前组旋转推进式，超声波马达
最近调焦距离：1.5 米，0.16 倍放大率
滤镜口径：52mm
长度×直径：69 × 78.5 （mm）
重量：250 克

EF100-300mm f/4.5-5.6 USM 详细规格：

焦距和最大光圈：100-300mm f/4.5-5.6
光学结构：13 片 10 组，对角线视角：24°-8°15′
调焦系统：环形超声波马达、后组对焦系统、全时手动对焦
最近调焦距离：1.5 米 /4.9 英尺，0.2 倍放大率
变焦系统：旋转型
滤镜口径：58mm
最大直径×长度：73 × 121.5 （mm）
重量：540 克
（参考价格：2380 元）

摄影:钟晓春,Photo by Zhong Xiaochun
EF 75-300mm f/4-5.6 Ⅲ USM 镜头

很多爱好者的第一支镜头会是购买相机时候搭配的标准变焦镜头，所以未来会选择把一支轻便的望远镜头和一支标准变焦镜头结合在一起使用，就可以拥有从广角到长焦的焦段，覆盖非常大的拍摄范围了。比如，你可以用一支标准镜头拍摄在公园里玩耍的孩子以及周围的环境，而使用望远镜头来捕捉到孩子们生动的表情特写。摄影者要以自然为题材拍摄艺术作品时，也可以带上一款这样的镜头，使用它可以拍摄到远处无法触及的山崖上的动物，或者石缝中生长的一朵小花。

轻便型望远镜头也可以在一定程度上显现出长焦镜头的特性——依靠超常的小景深，只有使用精确对焦捕捉到的主体是清晰的，而其它所有景物都是模糊的。当然，为了保证这些效果达到最佳的程度，除了需要300毫米左右的超长焦距以外，还需要镜头可以呈现清晰的影像、足够高的反差以及漂亮的色彩还原。

摄影爱好者的拍摄领域多数比职业摄影师更广泛，因此长焦距镜头在很多场合都需要，无论是在日常生活的拍摄，还是在体育运动、舞台表演、野生动物甚至新闻摄影领域、突发事件的报道以及充满未知因素的户外生活的拍摄中，捕捉完美的一刻要求你的变焦镜头有一种能够跨越更多视角的能力，这样你才可以在瞬间就找到最适合的构图。当然，在这个机动过程中保持你以及器材的灵活性也很重要。

300毫米镜头是很多人的梦想。在很多种情况下我们需要把远方的物体拉近到眼前，有触摸到它们的感觉，同时强烈的景深压缩会产生很强的视觉冲击力，漂亮的虚化效果使主体好像浮在一个模糊的背景之上。不过大家也都知道，一支望远镜头达到最大焦距300mm端时就会严重的限制手持拍摄的可能。

EOS系列提供了多支强调更高性价比、轻巧紧凑、便于携带的中长焦变焦镜头。使得你在长焦距、图片质量以及机动性的平衡方面有多个风格迥异的选择。不过，轻便型变焦镜头的通病是固然强调了足够的便携性和性价比，但是由于最大光圈的不够大，对于暗光下的拍摄以及不用三脚架的手持拍摄都会有相当的限制。一支具备图像稳定系统的镜头会在很大程度上扩大手持拍摄的范围，当然，带有IS功能的大光圈镜头的确是昂贵的。

◉ EF70-300mm f/4.5-5.6 DO IS USM

通常来讲，长焦距镜头本身的长度也会增加很多，因而带来携带和拍摄的不便。而新研发的多层衍射光学元件和铸模玻璃非球面镜的使用令这支望远变焦镜头非常紧凑。这支镜头在 300 毫米一端的长度只有是 99.9 毫米，体积大概只有传统镜头的三分之二。紧凑的设计使其携带非常方便，能让摄影者感到在移动中拍摄的乐趣，特别适合在需要轻便的旅途中使用。

这支镜头涵盖了从景深效果非常自然的 70 毫米一直到令很多人兴奋的 300 毫米焦段。无论你拍摄人像、风景、体育运动还是野生动物，它会保证你很少错过拍摄机会，而同时给你带来轻松的感受。

多层衍射光学元件不仅使望远变焦镜头变得更加紧凑，对画质的提升也作出了自己独特的解释。多层衍射光学元件本身就可以大大降低在变焦过程中产生的眩光，同时可以有效补偿色差和球差；锐丽干净的画面显示出多层衍射光学元件特有的色彩表现，就解像力而言可以和同级的 L 系列镜头媲美。和 EF400mm f/4DO IS USM 一样，这支镜头在镜身上也有一个绿色的环，作为采用了创新技术的标志。不过，它的色彩表现真的有些另类。

其他方面，图像稳定器可以降低将近 3 挡的快门速度，作为一款光圈不大的镜头扩展了其手持拍摄的范围；携带时，变焦环锁会使镜头保持在最短的状态；同时具备全时手动对焦系统。

对于这支镜头客观的评价是：与其他变焦镜头相比，它在追求分辨率和紧凑的设计之间达到了另类的超酷平衡。而考虑到它在色彩上的表现，这是一支适合在数码相机上使用的镜头。

▣ EF70-300mm f/4-5.6 IS USM

它的前一代镜头 EF75-300mm f/4-5.6 IS USM 可是 EF 系列里一支大名鼎鼎的镜头，是人类历史上第一支拥有图像稳定器的可以更换的 135 单反相机镜头，在当时是一个突破性的进步。作为一支创新性的镜头，它令你能够更自由地选择手持拍摄方式，在光线不足时，它可以补偿两挡光圈，你可以选择使用低感光度的胶片或者在数码单反相机上使用比较低的感光度设置——都会带来色彩更好更细腻的画面质量。加上这支镜头本身解像力和反差也都还不错，因此在一推出就受到爱好者的广泛好评。由于它获得了巨大的成功，EF 系列其他更高素质的中长焦镜头纷纷加用了 IS 技术。

新的 EF70-300mm f/4-5.6 IS USM 和老款最大的差别是增加了一片 UD 镜片来提高素质，特别是改善了长焦段的成像质量，中焦焦段延伸到了 70 毫米，最近调焦距离依然是 1.5 米，更新的 IS 系统可以达到降低 3 级快门速度的效果，配合小光圈拍摄还是有不错的成像质量的。在现在 IS 技术在 L 系列里遍地开花的情况下，它虽然谈不到有什么突出的特色，不过还是一款性价比很高而且焦段实用的镜头，因此颇受摄影爱好者的欢迎。相对于售价来说，它的缺点是在长焦段的 AF 速度实在太慢；另外，对焦的时候前组镜片会转动，不利于偏振镜的使用。

EF75-300mm f/4-5.6 III USM

一款高放大倍率的望远镜头，能够覆盖常用的 75 毫米到 300 毫米，它能使你就站在原地寻找最佳的构图。在 EF 系列这一级里最轻最小，拥有非常好的性价比。使用了轻型的光学材料，也是为了减少在自动对焦时操作上的负荷。使用超声波马达，自动对焦快速安静。镜身很细，变焦平顺，操作手感还不错。

EF75-300mm f/4-5.6 III

使用和 EF75-300mm f/4-5.6 III USM 相同的光学系统设计，这支镜头小巧，紧凑，而且有很高的放大倍率。自动对焦系统通过微型马达而不是超声波马达驱动。

EF80-200mm f/4.5-5.6 II

一支轻便紧凑、画质优良、价格适中的镜头。7 组 10 片的镜片结构提供全部焦距范围内均匀的画面质量，尤其是在长焦距时成像相当不错。宽大的变焦环使变焦容易且快速，在移动拍摄时也非常好使。

EF90-300mm f/4-5.6 USM

拥有比较新的设计并使用非常环保的玻璃镜片。圆形光圈带来漂亮的背景虚化效果。1.5 米的最近调焦距离和 0.25 倍的放大率非常适合近距离拍摄。根据厂家的资料，它在这一级别的镜头中率先使用了更高速的 CPU 和新的运算方式，因此提高了自动对焦速度。

EF90-300mm f/4-5.6

使用和 EF90-300mm f/4-5.6 USM 相同的光学系统设计，差别在于自动对焦系统使用的是线性微型马达而不是超声波马达，安慰你一下，由此换来的优势可能是性价比更高。

EF100-300mm f/4.5-5.6 USM

一款轻巧、紧凑的 3 倍变焦长焦镜头，携带起来非常方便。超声波马达推动第 4 组镜片带来了快速而宁静的自动对焦。在所有焦距段，这款镜头的最近调焦距离都是 1.5 米，长焦端最大影像放大率是 0.2 倍，在同类镜头中是最好的。加宽的变焦环设计、全时手动对焦功能，以及不会旋转的前组镜片设计共同造就了这款镜头良好的操作性能。

EF100-400mm f/4.5-5.6L IS USM

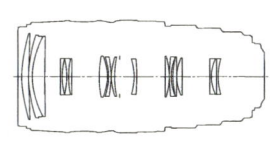

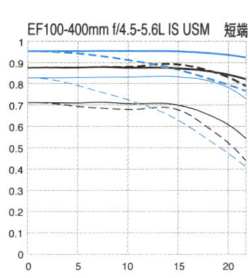
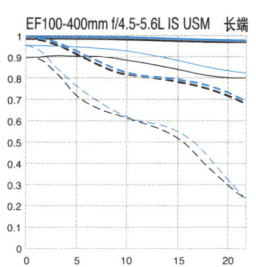

EF100-400mm f/4.5-5.6L IS USM 详细规格:

焦距和最大光圈: 100-400mm f/4.5-5.6
光学结构: 17 片 14 组.
对角线视角: 24°-6°10'
调焦系统: 环形超声波马达、后组对焦系统、全时手动对焦
最近调焦距离: 1.8 米, 0.2 倍放大率
变焦系统: 推拉型
滤镜口径: 77mm
最大直径×长度: 92×189 (mm)
重量: 1380 克
遮光罩: ET-83C (附送)
(参考价格: 10750 元)

摄影：黄恒，Photo by Huan Heng
EOS 1Ds Mark II 机身，EF100-400mm f/4.5-5.6L IS USM 镜头，手动曝光，f/8 光圈，1/400 秒快门，ISO 100
骑车的人　拍摄于塞罕坝

摄影:李少白, Photo by Li Shaobai
EOS 1Ds 机身, 100-400mmL 镜头, 光圈优先, f/14 光圈, 1/250 秒快门, ISO 100
北京, 故宫

如果你一心希望使用一款焦段足够长的变焦镜头，而又对使用增距镜换来的画质不满意，那么EF100-400mm f/4.5-5.6L IS USM值得你仔细关注。

EF100-400mm f/4.5-5.6L IS USM于1998年11月推出（同时代的相机是EOS 3），使用了1片萤石玻璃镜片（第三片）和1片超低色散（UD）玻璃镜片，二级色差消除得相当好。虽然具有4倍的高变焦比，但依然具有高对比度的色彩再现能力，并能带来非常清晰的高质量影像。

得益于后组对焦系统和浮动镜片结构，中距离的成像以及变焦全程的形变控制得相当不错。实际上，这也是EOS系统将浮动镜片结构安装在变焦镜头上的第一次成功尝试。这款镜头的最近调焦距离是1.8米，对于这个焦段的镜头算是很不错了，在近距离拍摄时浮动镜片结构有利于带来更好的画质。

它使用了环形超声波马达，因此自动对焦宁静迅速，可以全时手动对焦。这支镜头使用的是佳能最早的影像稳定（IS）系统，可以降低两挡拍摄。

由于变焦倍率比较大，使用了推拉式变焦，镜身长度最短时的焦距是100毫米，最长为400毫米。推拉式变焦的优点是变焦速度快，缺点是确定焦段位置的准确度差，在空气条件不好的情况下容易进灰尘。这是在产的EF镜头中仅有的两支采取类似设计的镜头之一（另一支是EF28-300mm f/3.5-5.6L IS USM）。

对焦时镜头前组不会转动。为了防止肩挎照相机和镜头时变焦环下滑，镜身上设有可以调整变焦环手感的阻尼调节环，可以锁定在任意焦段上。不过最好小心使用它，也不要轻易借给不会用的人，因为不正确的使用很容易损坏这个部件。

必须要提到的是，虽然本身的焦距已经很长，但是它配合1.4倍增距镜之后效果居然还不错。EOS 3和EOS 1系列配合EF 1.4x使用这支镜头的时候，45个对焦点里只有中心点可以自动对焦。配合EF 2x时则不能AF，只能手动对焦。有趣的是，有些用家反应它在配合腾龙的Tamron-F 2x（MC7）增距镜时反倒可以使用AF，同时IS功能也起作用，这样规格可以达到800mm f/11了，不过我认为这时候的成像并没有什么实用价值了。

要特别指出的是，EF100-400mm f/4.5-5.6L IS USM真的是一支成像非常不错的镜头，在全焦段都有很好的效果。它成像最弱的是在最长的焦段，但是它在400mm f/5.6时候的成像也要比EF70-200mm f/2.8L USM加2x增距镜之后达到的400mm f/5.6的效果好得多！可以说除了没有恒定光圈之外，它几乎具备了我们对于长焦变焦镜头所需要的一切要求。所以推出之后获得了很多摄影师的肯定，在爱好者口中它被亲切地称为"大白"，和被称为"小白"的EF70-200mm f/2.8L USM并为一时之瑜亮。而如果你的拍摄多使用三脚架，它比"小白"更好！

EF-S 系列镜头

摄影：刘礼明，Photo by Liu Liming
EF-S 18-55mm f/3.5-5.6 II USM 镜头

EF-S 镜头

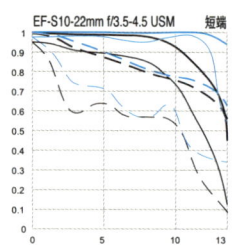

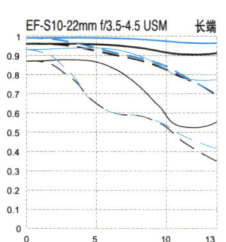

EF-S 10-22mmf/3.5-4.5 USM 详细规格：

相当于 135 画幅的焦距：16-35mm
焦距和最大光圈：10-22mm f/3.5-4.5
光学结构：13 片 10 组
对角线视角：107°30'-63°30'
光圈叶片：6
调焦系统：环形超声波马达、内对焦系统、全时手动对焦
最近调焦距离：0.24 米，0.17 倍放大率
变焦系统：旋转型
滤镜口径：77mm
最大直径×长度：83.5×89.8（mm）
重量：385 克
遮光罩：EW-83E
这款镜头只能用于可使用 EF-S 镜头的相机，不能用于其它 EOS 单反相机。
（参考价格：4930 元）

  EF-S 系列镜头是专门为 APS-C 尺寸传感器的数码单反相机设计使用的。

  EF-S 卡口，其中的 S 表示"短后焦距"，其后镜组距离影像传感器的距离短于 EF 系列镜头后镜组到底片的距离，所以它不能使用在全画幅的 EOS 数码单反相机上，也不能用于胶片相机。这个系列的镜头都配备了一个特殊的附件安装标识和接圈橡胶防护环来防止误装入非 APS-C 尺寸传感器的数码单反相机之外的其他机身。

当EF-S镜头使用在数码单反机身上时，和传统的135相机相比，它的焦段需要乘1.6倍的系数，比如EF-S系列里的17-85mm的变焦镜头相当于135相机画幅27-136mm的焦距。

虽然EF-S镜头的像场比EF系列镜头小，但并不意味着它的光学质量就不好。由于EF-S镜头都专门为APS-C尺寸传感器的数码单反相机的短后焦和小像场而设计的，设计得又都比较晚，因此使用了佳能公司的新的光学设计思路，镀膜也经过优化设计，使得在数码相机中很容易出现的眩光和鬼影的现象大大减少，最终能够得到更好的色彩平衡以及清晰的影像。

不过，有一点需要指出的是，很多使用APS-C尺寸传感器的数码单反相机的摄影师并不一定使用EF-S镜头，因为EF系列镜头可以使用在APS-C尺寸传感器的数码单反相机上，而反过来EF-S镜头的使用面会比较窄。另外，L系列EF镜头的做工要明显比EF-S镜头要好。

*截至到2007年9月，可以使用EF-S镜头的EOS数码单反相机是：EOS 10D、EOS 20D、EOS 30D、EOS 40D、EOS 300D、EOS 350D、EOS 400D。

■ EF-S 10-22mmf/3.5-4.5 USM

需要先强调这一支非常锐利的镜头，如果你是使用APS-C尺寸传感器的数码单反相机的摄影者，又不想升级到全画幅数码单反相机或者胶片相机，没有任何理由不把它当作你的必备镜头！

这款镜头是为了满足EF-S系列镜头对一款超广角变焦的强烈需求而设计的，也是迄今为止唯——款EF-S系列超广角变焦镜头。这款轻巧、紧凑的变焦镜头提供了相当于35毫米相机16-35mm的焦距范围，它可以为从超广角的自然风光拍摄到中近景的人像摄影都提供戏剧化的宽广视角和透视效果。

足够广阔的焦段使得它能够拍摄到超越人眼观测范围的图片，例如激动人心的开阔远景，以及大景深的城市景色。在最长焦距，这款镜头相当于一支中广角镜头，这对于街头抓拍或是在聚会中的集体照的图片来说是很理想的。0.24米的最近调焦距离，使你能够拍摄更近的主体，放在大的环境下会具有很强的透视感。

10组13片镜片的光学系统完全使用不会对环境造成破坏的无铅玻璃。通过使用两种形式的三片非球面镜片和一片超级UD镜片，使得这款镜头在整个变焦范围中都能呈现不错的影像效果。当然，不要对它最大光圈下的分辨率和画质的均匀程度有太苛刻的要求，不过，一旦收小光圈后，它的成像质量会得到迅速的提高，f/11到f/16情况下并不输L系列变焦镜头很多。另外要提到的是，它的变形控制相当好，甚至比一些L系列的超广角变焦镜头还要好，10毫米端的变形可察觉，但还算轻微，22毫米端则几乎无法察觉。

另外要提到的是，这款镜头的体积很小，只占相机包里的一点空间，对于标准变焦镜头或者中长焦变焦镜头来说都是一个理想的搭配，无论你的兴趣在人像摄影还是风光摄影，它能够更多地拓宽你的拍摄视野，提供更好的创作空间。

■ EF-S 17-55mm f/2.8 IS USM

使用APS-C尺寸传感器数码单反相机的并不仅仅是业余爱好者，实际上现在也有

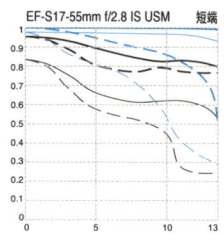
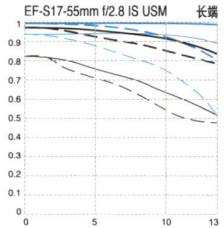

EF-S 17-55mm f/2.8 IS USM 详细规格：

相当于135相机画幅的焦距：27.2～88mm
最大光圈：F2.8
最小光圈：F22
光学结构：19片12组
光圈叶片数：7
最近调焦距离：35cm
放大倍率：0.17倍 （在55mm时）
驱动：环型超声波马达
滤镜口径：77mm
尺寸：83.5 × 110.6（mm）
重量：645克
这款镜头只能用于可使用EF-S镜头的相机，不能用于其它EOS单
反相机
（参考价格：6880元）

不少追求轻便性的职业摄影师在使用它。L系列镜头固然在画质方面出类拔萃，但用于全画幅的L系列镜头用在APS-C尺寸传感器的数码单反相机上实际上可以算是"提供了多余的影像质量" ——毕竟只有全画幅数码相机才需要那么大的像场。而同时，只考虑APS-C尺寸传感器而设计的镜头可以在保持同样光学水准的前提下降低成本，或者在相近成本的前提下提高镜头的性能。

2006年5月发布的EF-S 17-55mm f/2.8 IS USM就是在这样的前提下生产出来的。它在两点上满足了EF-S用户的迫切需求：全面提高了成像质量，并且提供了f/2.8的恒定光圈。它也是EF-S镜头中唯一的一款恒定光圈变焦镜头，而的确光学素质和L系列比起来毫不含糊。不过，它的价格也不含糊，几乎赶上L系列的标准变焦镜头了！

当然，贵也有贵的原因。这款镜头为了保证f/2.8的全程恒定大光圈下高超的成像质量，使用了3片非球面镜片和2片UD超低色散镜片——和L系列镜头也有一拼了。和其他所有EF-S镜头最大的差别是，它在最大光圈下的成像已经不错，而收小一挡光圈后各焦

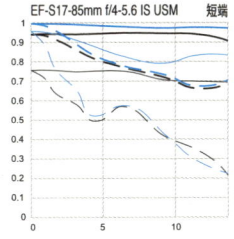
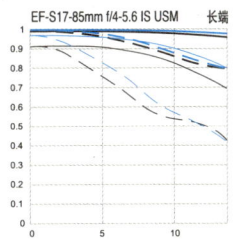

EF-S17-85mm f/4-5.6 IS USM 详细规格：

相当于 135 相机画幅的焦距：27-136
焦距和最大光圈：17-85mm f/4-5.6
光学结构：17 片 12 组
对角线视角：78°30'-18°25'
光圈叶片：6
调焦系统：环形超声波马达、内对焦系统、全时手动对焦
最近调焦距离：0.35 米，0.2 倍放大率
变焦系统：旋转型
滤镜口径：67mm
遮光罩：EW-73B
最大直径×长度：78.5 × 92（mm）
重量：475 克
这款镜头只能用于可使用 EF-S 镜头的相机，不能用于其它 EOS 单反相机
（参考价格：4390 元）

段下的成像比较接近，也就意味着为摄影者提供了更多控制影像的余地。其 IS 光学防抖功能可以降低 3 挡快门速度。其他方面，超声波马达、镜头表面的镀膜优化都不用说了。

　　这支镜头价格不便宜，不过依然不要奢望它可以超过 L 系列镜头。和 L 系列最便宜的 EF 17-40mm f/4L USM 比一下，其中心解像力的确尚有不及，而广角端四角的成像则是远远不能相比了；抗眩光能力也不如 EF 17-40mm f/4L USM。另外要小心变焦的时候镜头伸缩会容易吸灰尘进来。

　　总的来说，这是一款高性能的标准变焦镜头，使用它的摄影爱好者除了获得高分辨率和漂亮的色彩以外还能够享受到对于职业摄影师非常重要的两个摄影要素：完美的景深控制以及现场光的使用。显示出佳能公司并不是把 APS-C 系列的数码相机当作短时间内走过场的产品。

■ EF-S17-85mm f/4-5.6 IS USM：

摄影：杨磊，Photo by Yang Lei
EF-S17-85mm f/4-5.6 IS USM 镜头

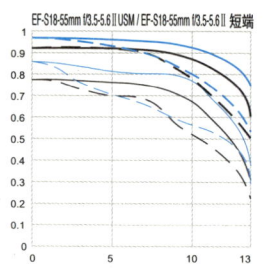 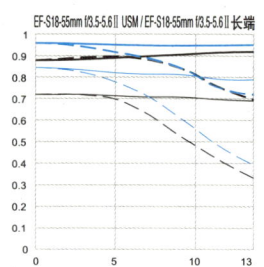

EF-S 18-55mmf/3.5-5.6 Ⅱ USM 详细规格：

相当于135相机画幅的焦距：28.8-88mm
焦距和最大光圈：18-55 毫米 f/3.5-5.6
光学结构： 11 片 9 组
对角线视角：74°20'-27°50'
调焦系统：前组旋转伸缩系统，带有微型 USM Ⅱ超声波马达
最近调焦距离：0.28 米，0.28 倍放大率
变焦系统：旋转型
滤镜口径：58mm
最大直径×长度：68.5 × 66（mm）
重量：190 克
这款镜头只能用于可使用 EF-S 镜头的相机，不能用于其它 EOS 单反相机
（参考价格：1550 元）

　　从技术上来讲，利用了 EF-S 系列镜头的小像场范围使得从广角到中焦范围的5倍变焦镜头更容易被设计和生产。它所覆盖的变焦范围等同于35毫米相机中的27mm-136mm，对于旅行而言它是一款非常理想的镜头，覆盖从广角到中焦范围的5倍变焦镜头带来更多的便利。它不仅仅轻巧便携，而且能够满足几乎旅途中所有的拍摄需求，从广角的自然风景和标准的快照，再到中焦距的肖像照以及运动拍摄都能够满足。

　　第一次在 EF-S 镜头上使用的影像稳定（IS）系统提供了相当于3挡快门速度的稳定性能，大大地提高了手持相机时的稳定性，使得在许多室内或者是光线较暗的场景中利用现场光拍摄成为可能。

　　17 片 12 组的光学系统使用完全环保的无铅镜片，第 15 片镜片是一片铸模的非球面的镜片，帮助这款镜头能够在整个焦距范围带来高质量的成像效果。整个光学系统设计和优化的镀膜减轻了在数码相机中很容易出现的光斑和鬼影的现象。圆形的光圈提供了精美的柔化效果。同时，全时手动对焦功能进一步提高了镜头的表现能力。如果说不足，变焦的时候镜头伸缩会容易吸灰尘进来。

摄影：方晨旭，Photo by Fang Chenxu
EF-S 18-55mm f/3.5-5.6 II USM 镜头

此外，这支镜头主要的优势在于焦段和 IS 的实用性很高，如果你对影像质量要求比较高，就不要对它大光圈下的分辨率和色彩表现抱有太高的期望。

这款镜头单独使用已经有很强的实用性，不过我还是觉得它和 EF-S10-22mm f/3.5-4.5 USM 超广角变焦镜头结合起来的话，能够表现更多样的主题并且能够带来更多的表现方法。

EF-S 18-55mmf/3.5-5.6 II USM

这款经济实惠的标准变焦镜头是专为使用 EF-S 镜头的 EOS 数码单反相机设计的，也是多数使用 EF-S 镜头的 EOS 数码单反相机在出售时的标准配置。

提供了 3 倍的变焦和相当于 35 毫米相机的 29-88mm 的焦距范围。这样的变焦范围大致相当于人眼的视角，它满足了从广角到中长焦的大部分拍摄需要。

虽然是所有 EOS 系列镜头中最便宜的镜头，但是它依然使用了很多 EOS 系统赖以成名的技术，第十片镜片的非球面设计保证了整个变焦范围的良好质量影像呈现。同时镜头的镀膜也得到了优化设计，以减少数码相机中容易出现的眩光和鬼影现象，力求准确的色彩平衡和影像的明锐度。微型 USM II 超声波马达使自动对焦快速、宁静。在整个变焦范围中，这款镜头的最近调焦距离都是 0.28 米。

便利的焦段加上轻便的镜头设计，使这支"万能"的镜头可以用来拍摄各种各样的事物，当然也可以用完全不同的方式拍摄同一个物体。当你要将画面前景中的一个人加以突出，同时也要拍摄下广阔的背景时，你可以运用 18 毫米广角带来的宽广的视野和独特的透视效果，并且使用小光圈来扩大景深，镜头可以保证整个景深范

摄影：张严，Photo by Zhang Yan
EF-S 18-55mm f/3.5-5.6 II USM 镜头

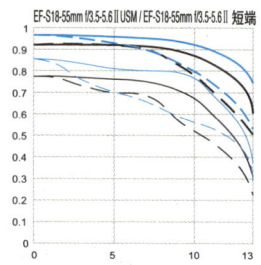
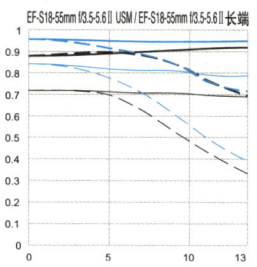

EF-S 18-55mmf/3.5-5.6 详细规格：

相当于135相机画幅的焦距：28.8-88mm
焦距和最大光圈：18-55mm f/3.5-5.6
光学结构：11片9组
对角线视角：74°20'-27°50'
调焦系统：前组旋转伸缩系统，带有微型马达
最近调焦距离：0.28米，0.28倍放大率
变焦系统：旋转型
滤镜口径：58mm
最大直径×长度：68.5×66（mm）
重量：190克
这款镜头只能用于可使用EF-S镜头的相机，不能用于其它EOS单反相机

围内的物体都能得到清晰的影像表现；你也可以再用55毫米端为同一个人拍摄腰部以上的人像，模仿人眼在紧盯某一物体时的透视效果，并提供极具吸引力的背景虚化效果，这可以使作为主体的人与作为陪体的背景之间产生明显的对比。

对于初次涉足EOS数码单反相机的使用者来讲，这是一支简单但并不单调的镜头，随着你的摄影技术的提高它能够不断为你创造出精美的影像，并且一定会为你的摄影生活带来足够多的乐趣。

◉ **EF-S 18-55mmf/3.5-5.6**

规格和影像表现力与EF-S 18-55mmf/3.5-5.6 II USM完全相同，差别只在于自动对焦系统没有使用超声波马达。EF-S 18-55mmf/3.5-5.6的自动对焦马达是一种结合了高速微处理器和自动对焦运算系统的微型马达。它的自动对焦运算系统能够根据拍摄条件提供最适合的自动对焦动力，从而带来优秀的高速自动对焦。

◉ **EF-S 18-55 mm f/3.5-5.6 IS**

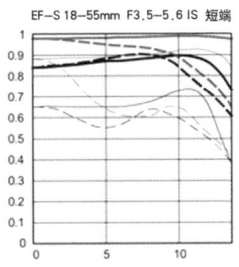
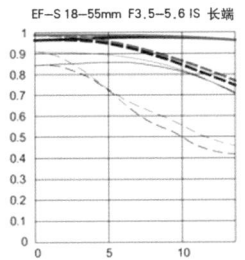

EF-S 18-55mm F3.5-5.6 IS 详细规格：

相当于135相机画幅的焦距：28.8-88mm
焦距和最大光圈：18-55mm f/3.5-5.6
光学结构： 11片9组
对角线视角：74°20'-27°50'
调焦系统．前组旋转伸缩系统，带有微型USM Ⅱ超声波马达
最近调焦距离：0.25米，0.34倍放大率
变焦系统：旋转型
滤镜口径：58mm
最大直径×长度：68.5×70（mm）
重量：200克
这款镜头只能用于可使用EF-S镜头的相机，不能用于其它EOS单反相机

这是一款价格不高而且轻量的通用变焦镜。11片9组的光学结构，包含一片非球面镜片用来改善四角的成像质量。变焦全程实现0.25米的最近调焦距离，是个不错的数值。

这支镜头和EF-S 55-250mm f/4-5.6 IS是同时发布的。这两款镜头都采用了佳能新的IS防抖系统。这是一种新的"模拟反馈系统"。厂方宣布这种系统采用了新的设计，简化了原有的防抖系统，但是跟现有的IS防抖系统一样有效，可以达到四挡IS防抖效果。

从MTF曲线上看，新的EF-S 18-55mm IS f/3.5-4.5 IS比更廉价的EF-S 18-55mm f/3.5-5.6 Ⅱ USM没有什么太显著的提高，55毫米端成像略有好转，而主要的提高还是在采用了IS上。

有了IS功能会更适于各种光线条件下的拍摄，对于这种小光圈镜头来说改善影像质量的效果可以说是立竿见影。为你的第一支EF-S镜头的选择提供了一个好得多的可能。

摄影：薛俊强，Photo by Xue Junqiang
EF-S 400mm 机身，EF-S18-55mm 镜头，手动曝光，f/5 光圈，15 秒快门，ISO 100
在过去，长时间曝光一直是入门机数码单反的弱项，现在看来400D 长时将曝光的表现还是相当不错的。

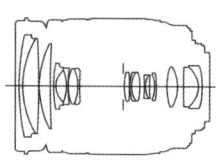

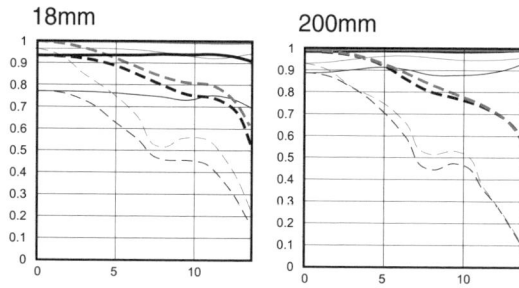

EF-S 18-200mm f/3.5-5.6 IS 详细规格：

相当于 135 相机画幅的焦距：28.8-88mm
焦距和最大光圈：18-200mm f/3.5-5.6
光学结构： 16 片 12 组
对角线视角：74°-5°
调焦系统：微型马达
最近调焦距离：0.45 米，0.24 倍放大率
变焦系统：伸缩式
滤镜口径：72mm
最大直径 × 长度：79 × 102 （mm）
重量：600 克
这款镜头只能用于可使用 EF-S 镜头的相机，不能用于其它 EOS 单反相机

◉ EF-S 18-200mm f/3.5-5.6 IS

这是佳能公司生产的第一款用于 APS-C 画幅数码相机的"天涯镜"（这是影友们对这种拿上它可以"一镜走天涯"焦距段镜头的爱称）。佳能终于为自己的非全画幅数码单反用户补上了这个空缺，比它的竞争对手足足晚了三年多（尼康于 2005 年推出 AF-s DX18-200 f/3.5-5.6 VR IF-ED，适马也早已推出同焦距段的防抖镜头）。

EF-S 18-200mm f/3.5-5.6 IS 是一款涵盖了 11 倍超大变焦比的镜头，带有 IS 防抖功能，效果大约相当于提高 4 档快门速度。镜头采用两片 UD 超低色散镜片和两片非球面镜片，镀膜及镜片位置也得到了优化，从而抑制了鬼影和眩光。镜头全焦距段内的最近对焦距离为 0.45 米。由 4 片叶片组成的圆形光圈令焦外成像更自然。其电动对焦系统采用微型马达，具有高速 CPU 和优化的对焦算法，因此带来不错的自动对焦速度。这款镜头还配备了变焦环锁定装置，方便携带。在对焦过程中前组镜片不会转动，方便装配偏振镜（此镜头目前只适用于 EOS 50D/EOS 40D/EOS 30D/EOS 20D/EOS 450D/EOS 400D/EOS 350D/EOS 300D/EOS 1000D 等机身）。

镜头等效焦距约 29-320mm，超大的变焦比相当于传统的"28-105mm"、"100-300mm"两个焦距段的叠加，甚至令佳能公司不知如何归类，最终在宣传网站中将其放在了"长焦变焦镜头"一栏。它无与伦比的便捷性相信会满足很多 APS-C 画幅相机使用者的需求。对于经常长途跋涉、需要大量"减负"的旅行者来说，这类镜头的确是不二之选。

这款镜头不能不让人想起佳能 EF 系列的两支经典镜头：EF 28-200mm f/3.5-5.6 USM 和 EF 28-300mm f/3.5-5.6L IS USM。28-200mm 作为早期的"天涯镜"在成像量上不够理想，而用于全画幅的 28-300mmL，在变焦比和成像质量上都达到了比较高的水平，当然价格也同样居高不下。EF-S 18-200mm f/3.5-5.6 IS 的成像质量当然难以企及 28-300mmL 的水平，但较 28-200mm 则有一定改善。

网友对这款镜头最大的质疑在于，这是一款没有超声波马达的镜头。佳能在这款镜头上忍痛取消自己最擅长的 USM 超声波马达设计，原因应当是复杂的，但有两点很明显：这样做降低了镜头的重量，也略微降低了成本。这款镜头 72 毫米的口径和 600g 的重量已经不低（比一台 EOS 450D 单机还要重一点），如果在再加上一圈超声波马达，卖到 5000 多块钱，恐怕很多人就望而却步了。不过话说回来，这款镜头带有的高速 CPU 和优化的对焦算法，对于微型马达的对焦速度毕竟稍有改善，尤其是使用广角端在日光下拍摄时的对焦速度还是可以接受的。但是当你使用长焦端在暗处拍摄的时候，恐怕这项牺牲带来的劣势还是比较明显的。此外，在连续拍摄、不断调焦时也要特别注意，微型马达的对焦反应速度稍慢，加上启动防抖功能的时间，可能会影响连续合焦释放快门的效果。

这支镜头在色彩还原上有比较好的表现，配合佳能的 CMOS，它对于红色表现得尤其艳丽。在夜景拍摄中，也能令各种色彩的灯光得到鲜艳的质感和真实的表现。镜头的圆形光圈比较有效，虚化效果相对不错。另外，画面中的高光点周围会有一点雾化（基本为像散）现象，不过有点类似柔焦效果，尤其在拍摄夜景时，画面中的小亮

摄影：于然 Photo by Yu Ran
Canon EOS-50D 机身，EF-S 18-200mm f/3.5-5.6 IS 镜头，自动曝光，曝光补偿：-0.3eV，ISO 400、f/5.6 光圈、1/200 秒快门，自动白平衡

点周围有一圈柔和的光芒，不失为一种风格。UV 镜口径为 72 毫米，较大的直径成就了较大的光圈，为 f/3.5-5.6，长焦端下最大光圈 f/5.6 是比较难得的，为数不少的 18-200mm 镜头只有 f/6.3。

在成像质量上，通过查看 MTF 曲线可以发现：在全开光圈下，镜头的中央到边缘画质下降比较明显，当收缩光圈到 f/8 时分辨率明显改善。镜头成像质量在反差控制上仍然不是很好，亮部与暗部不够分明，有点"灰蒙蒙"的感觉。该镜头拥有两片 UD 超低色散镜片，色散虽然得到控制，但问题仍然存在，紫边在强光处仍然比较明显。广角端的暗角现象在最大光圈时还是明显能感受得到的，但是当光圈收小到 f/8 时基本可以消除。此外，大变焦比的伸缩镜身设计，也是"打气筒"镜头的典型，容易吸入灰尘，要经常注意清洁，风沙大的时候尽量避免频繁地变焦，防止灰尘进入镜头和机身。

很多人在选择 EF-S 18-200mm f/3.5-5.6 IS 与 EF-S 18-55mm f/3.5-5.6 IS USM 加 EF-S 55-250mm f/4-5.6 IS 之间犯难，这两种配置的总体价格相差不多，焦距段又基本相同，因此很多影友不知如何是好。总的来说，在选择上还是要依据拍摄习惯和风格而定。比如，如果你追求便捷性，不想频繁更换镜头，18-200mm 显然更有优势；而如果你更注重在标准焦距段的成像质量，长焦镜头只作为备用，不如买两个镜头的组合。当然，18-200mm 的金属接口在可靠性上也具有一定优势，在样子上摆脱了"狗头"的嫌疑。

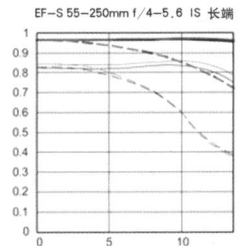

EF-S 55-250mm f/4-5.6 IS 镜头详细规格：

相当于135相机画幅的焦距：88 — 400mm
焦距和最大光圈：18-55mm f/3.5-5.6
光学结构： 12片10组
对角线视角：27°50'-6°10'
调焦系统：前组旋转伸缩系统，带有微型USM Ⅱ超声波马达
最近调焦距离：0.28米，0.28倍放大率
变焦系统：旋转型
滤镜口径：58mm
最大直径×长度：70 × 108（mm）
重量：390克
这款镜头只能用于可使用EF-S镜头的相机，不能用于其它EOS单反相机
（参考价格：1680元）

◼ EF-S 55-250mm f/4-5.6 IS

　　EF-S 55-250mm f/4-5.6 IS是目前EF-S系列镜头中变焦比最大的一款，体积很小，而且轻盈。焦段相当于35毫米相机的88-400mm的焦距。对于APS-C规格的数码相机来说是拍摄野生动物、运动、旅行摄影最好的入门长变焦镜头。

　　它使用了圆形光圈，另外一片UD镜片来提高反差和保证比较好的整体画质。当然，IS功能的应用在这个焦段的镜头上有巨大的实际意义，它也提供了四挡防抖补偿。

　　EF-S 55-250mm f/4-5.6 IS和EF-S 18-55mm F3.5-5.6 IS是同时发布的，两款镜头组合在一起可以为摄影者提供大约28-400 mm的等效焦距，实在是够用了。

摄影：盛北星、Photo by Sheng Beixing
EF-S 55-250mm f/4-5.6 IS 镜头

 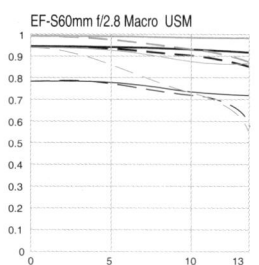

EF-S 60mm f/2.8 USM 微距详细规格：

相当于135相机画幅的焦距：96mm
光学结构：12片8组
对角线视角：20°30'
调焦系统：环形超声波马达，后组调焦系统，全时手动对焦
最近调焦距离：0.2米，1.0倍放大率
滤镜口径：52mm
最小光圈：32
遮光罩 ET-67B
最大直径×长：73×69.8（mm）
重量：335克
这款镜头只能用于可使用EF-S镜头的相机，不能用于其它EOS单反相机
（参考价格：3010元）

■ EF-S 60mm f/2.8 USM 微距

　　一款专为APS-C尺寸感应器的EOS数码单反相机设计开发的微距定焦镜头，可拍摄原尺寸放大的微距照片。使用了3组浮动内对焦系统，成像相当清晰锐利。原尺寸放大摄影时的工作距离可以达到0.2米，非常实用。通过优化的镜片位置和镜头镀膜，有效抑制鬼影和眩光，可全时手动对焦。

附录

	镜 头	发布日期			
1987	EF 135/2.8 柔焦	1987年1月		EF 500/4.5L USM	1992年3月
	EF 50/1.8	1987年3月		EF 35-80/3.5-5.6 USM	1992年4月
	EF 35-70/3.5-4.5	1987年3月		EF 20/2.8 USM	1992年6月
	EF 35-105/3.5-4.5	1987年3月	1992	EF 35-105/4.5-5.6 USM	1992年6月
	EF 100-300/5.6	1987年3月		EF 75-300/4-5.6 USM	1992年6月
	EF 15/2.8 Fisheye	1987年4月		EF 80-200/4.5-5.6 USM	1992年6月
	EF 28/2.8	1987年4月		EF 85/1.8 USM	1992年7月
	EF 70-210/4	1987年5月		EF 28-105/3.5-4.5 USM	1992年11月
	EF 100-300/5.6 L	1987年6月		EF 35-350/3.5-5.6L USM	1993年1月
	EF 28-70/3.5-4.5	1987年7月		EF 20-35/3.5-4.5 USM	1993年3月
	EF 300/2.8L USM	1987年11月		EF 400/5.6L USM	1993年5月
	EF 1.4x 增距镜	1987年11月	1993	EF 50/1.4 USM	1993年6月
	EF 2x 增距镜			EF 1200/5.6L USM	1993年7月
	EF 50-200/3.5-4.5	1987年12月		EF 35-80/4-5.6 II	1993年9月
	EF 50/2.5 Macro	1987年12月		EF 28-80/3.5-5.6 II USM	1993年10月
	EF 35-135/3.5-4.5	1988年6月		EF 28-70/2.8L USM	1993年11月
	EF 50-200/3.5-4.5L	1988年6月		EF 38-76/4.5-5.6	1995年2月
	EF 35-70/3.5-4.5A	1988年10月		EF 35-80/4-5.6 III	1995年3月
1988	EF 24/2.8	1988年11月		EF 70-200/2.8L USM	1995年3月
	EF 200/1.8L USM	1988年11月		EF 75-300/4-5.6 II USM	1995年3月
	EF 600/4L USM	1988年11月	1995	EF 80-200/4.5-5.6 II	1995年3月
	EF 100-200/4.5 A	1988年12月		EF 75-300/4-5.6 II	1995年7月
	EF 28-80/2.8-4L USM	1989年4月		EF 28-80/3.5-5.6 III USM	1995年8月
	EF 50/1.0L USM	1989年9月		EF 28/1.8 USM	1995年9月
1989	EF 85/1.2L USM	1989年9月		EF 75-300/4-5.6 IS USM	1995年9月
	EF 80-200/2.8L	1989年9月		EF 200/2.8L II USM	1996年3月
	EF 20-35/2.8L	1989年10月		EF 400/2.8L II USM	1996年3月
	EF 35-80/4-5.6 POWER ZOOM	1990年3月		EF 135/2L USM	1996年4月
	EF 35-80/4-5.6 Power Zoom	1990年3月	1996	EF 17-35/2.8L USM	1996年4月
	EF 35-135/4.5-5.6 USM	1990年3月		EF 180/3.5L Macro USM	1996年4月
	EF 100/2.8 Macro	1990年4月		EF 24-85/3.5-4.5 USM	1996年9月
1990	EF 70-210/3.5-4.5 USM	1990年6月		EF 28-80/3.5-5.6	1996年9月
	EF100-300/4.5-5.6 USM	1990年6月		EF 28-80/3.5-5.6 IV USM	1996年9月
	EF 35-80/4-5.6	1990年9月	1997	EF 300/4L IS USM	1997年3月
	EF 35/2	1990年10月		EF 24/1.4L USM	1997年12月
	EF 80-200/4.5-5.6	1990年11月		EF 28-135/3.5-5.6 IS USM	1998年2月
	EF 50/1.8 II	1990年12月		EF 22-55/4-5.6 USM	1998年3月
	EF 75-300/4-5.6	1991年3月	1998	EF 55-200/4.5-5.6 USM	1998年3月
	EF 400/2.8L USM	1991年4月		EF 100-400/4.5-5.6L IS USM	1998年11月
	EF 35-105/4.5-5.6	1991年4月		EF 35/1.4L USM	1998年12月
	TS-E 24/3.5L	1991年4月		EF 28-80/3.5-5.6II	1999年4月
	TS-E 45/2.8	1991年4月		EF 28-80/3.5-5.6 V USM	1999年4月
1991	TS-E 90/2.8	1991年4月		EF 75-300/4-5.6 III	1999年4月
	EF 100/2 USM	1991年10月		EF 75-300/4-5.6 III USM	1999年4月
	EF 28-80/3.5-5.6 USM	1991年10月	1999	EF 300/2.8L IS USM	1999年7月
	EF 14/2.8L USM	1991年12月		EF 500/4L IS USM	1999年7月
	EF 200/2.8L USM	1991年12月		EF 400/2.8L IS USM	1999年8月
	EF 300/4L USM	1991年12月		EF 600/4L IS USM	1999年8月
				EF 70-200/4 L USM	1999年9月

	MP-E65/2.8 1-5X	1999年9月		EF-S 18-55/3.5-5.6 USM	2003年9月
2000	EF 100/2.8 Macro USM	2000年3月	2004	EF 28-300/3.5-5.6L IS USM	2004年6月
	EF 28-200/3.5-5.6 USM	2000年9月		EF 75-300/4-5.6 DO IS USM	2004年6月
	EF 28-90/4.5-5.6	2000年10月		EF 28-90/4.5-5.6 III	2004年9月
	EF 28-90/4.5-5.6USM	2000年10月		EF-S 17-85/4-5.6 IS USM	2004年9月
	EF 28-105/3.5-4.5 II USM	2000年10月		EF-S 10-22/3.5-4.5 USM	2004年11月
2001	EF 70-200/2.8L IS USM	2001年9月	2005	EF-S 18-55/3.5-5.6 II	2005年3月
	EF 1.4x II 增距镜	2001年9月		EF-S 18-55/3.5-5.6 II USM	2005年3月
	EF 2x II 增距镜	2001年9月		EF-S 60/2.8 Macro USM	2005年3月
	EF 400/4 DO IS USM	2001年12月		EF 24-105/4L IS USM	2005年10月
	EF 16-35/2.8L USM	2001年12月		EF 70-300/4-5.6 IS USM	2005年10月
2002	EF 28-90/4.5-5.6 II USM	2002年9月	2006	EF 85/1.2L II USM	2006年3月
	EF 90-300/4.5-5.6 USM	2002年9月		EF-S 17-55/2.8 IS USM	2006年3月
	EF 24-70/2.8L USM	2002年11月		EF 50/1.2L USM	2006年11月
2003	EF 17-40/4L USM	2003年5月		EF 70-200/4L IS USM	2006年11月
	EF 28-90/4.5-5.6 II	2003年9月		EF 14/2.8 L II USM	2007年8月
	EF 55-200/4.5-5.6 II USM	2003年9月	2007	Canon EF-S 18-55/3.5-5.6 IS	
	EF 90-300/4.5-5.6	2003年9月		Canon EF-S 55-250/4-5.6 IS	
	EF-S 18-55/3.5-5.6	2003年9月			

镜头	视角	结构(片/组)	光圈叶片	最小光圈	最近对焦距离(米)	最大倍率	驱动马达	滤镜尺寸(毫米)	遮光罩	尺寸(直径×长度, 毫米)	重量(克)
EF 14/2.8L II USM	114°	14/11	6	22	0.2	0.15	USM	不能安装UV镜	内置	94×80	645
EF 14/2.8L USM	114°	14/10	5	22	0.25	0.1	USM	后置滤镜架	内置	77×89	560
EF 15/2.8 鱼眼	180°	8/7	5	22	0.2	0.14	AFD	后置滤镜架		73×62.2	330
EF 20/2.8 USM	94°	11/9	5	22	0.25	0.14	USM	72	EW-75	77.5×70.6	405
EF 24/1.4L II USM	84°	13/10	8	22	0.25m	0.17	USM	77	EW-83D II	93.5×86.9	650
EF 24/1.4L USM	84°	11/9	7	22	0.25m	0.16	USM	77	EW-83D	83.5×77.4	550
EF 24/2.8	84°	10/10	6	22	0.25	0.16	AFD	58	EW-60	67.5×48.5	270
EF 28/1.8 USM	75°	10/9	7	22	0.25	0.18	USM	58	EW-63	73.6×55.6	310
EF 28/2.8	75°	5/5	5	22	0.3	0.13	AFD	52	EW-65	67.4×42.5	185
EF 35/1.4L USM	63°	11/9	8	22	0.3	0.18	USM	72	EW-78C	86×79	580
EF 35/2	63°	7/5	5	22	0.25	0.23	AFD	52	EW-65	67.4×42.5	210
EF 50/1.0L USM	46°	11/9	8	16	0.6	0.11	USM	72	ES-79	91.5×81.5	985
EF 50/1.2L USM	46°	8/6	8	16	0.45	0.15	USM	72	ES-78	85.0×65.0	580
EF 50/1.4 USM	46°	7/6	8	22	0.45	0.15	USM	58	ES-71	73.8×50.5	290
EF 50/1.8	46°	6/5	5	22	0.45	0.15	AFD	52	ES-62	68.2x42.5	190
EF 50/1.8 II	46°	6/5	5	22	0.45	0.15	MM	52	ES-62	68.2×41	130
EF 85/1.2L USM	28°30′	8/7	8	16	0.95	0.11	USM	72	ES-79	91.5×84	1025
EF 85/1.8 USM	28°30′	9/7	8	22	0.85	0.13	USM	58	ET-65II	75×71.5	425
EF 100/2 USM	24°	8/6	8	22	0.9	0.137	USM	58	ET-65II	75×73.5	460
EF 135/2L USM	18°	10/8	8	32	0.9	0.19	USM	72	ET-78	82.5×112	750
EF 135/2.8 柔焦	18°	7/6	6	32	1.3	0.124	AFD	52	ET-65II	69.2×98.4	390
EF 200/1.8L USM	12°	12/10	8	22	2.5	0.09	USM	48 后置	ET-123	130×208	3000
EF 200/2L USM	12°	17/12	8	32	1.9	0.12	USM	52 后置	ET-120B	128×208	2520
EF 200/2.8L USM	12°	9/7	8	32	1.5	0.16	USM	72	ET-83B	83×136.2	790
EF 200/2.8L II USM	12°	9/7	8	32	1.5	0.16	USM	72	ET-83B II	83.2×136.2	765
EF 300/2.8L USM	8°15′	17/13	8	32	3	0.11	USM	48 后置	ET-118	125×253	2855
EF 300/2.8L IS USM	8°15′	17/13	8	32	2.5	0.12	USM	52 后置	ET-123	128×252	2690
EF 300/4L USM	8°15′	8/7	8	32	2.5	0.13	USM	77	内置	90×213.5	1300
EF 300/4L IS USM	8°15′	10/16	8	32	2.5	0.13	USM	77	内置	90×221	1165
EF 400/2.8L USM	6°10′	11/9	8	32	4	0.11	USM	48 后置	ET-161B	167×348	6100
EF 400/2.8L II USM	6°10′	11/9	8	32	4	0.11	USM	48 后置	ET-161B	167×348	5910
EF 400/2.8L IS USM	6°10′	17/13	8	32	3	0.15	USM	52 后置	ET-155	163×349	5300
EF 400/5.6L USM	6°10′	7/6	8	32	3.5	0.12	USM	77	内置	90×256.5	1250
EF 400/4 DO IS USM	6°10′	17/13	8	32	3.5	0.12	USM	52 后置	ET-120	128×233.7	1940
EF 500/4.5L USM	5°	8/7	9	32	5	0.11	USM	48 后置	ET-123B	130×390	3000
EF 500/4L IS USM	5°	17/13	8	32	4.5	0.12	USM	52 后置	ET-138	146×387	3870
EF 600/4L USM	4°10′	9/8	8	32	6	0.12	USM	48 后置	ET-161	167×456	6000
EF 600/4L IS USM	4°10′	17/13	8	32	5.5	0.11	USM	52 后置	ET-160	168×456	5300
EF 800/5.6L IS USM	3°5′	18/14	8	32	6	0.14	USM	52 后置	内置	163×461	4500
EF 1200/5.6L IS USM	2°05′	12/9	8	32	14	0.09	USM	48 后置	内置	228×835.3	16600

镜 头	视 角	结构(片/组)	光圈叶片	最小光圈	最近对焦距离(米)	最大倍率	驱动马达	滤镜尺寸(毫米)	遮光罩	尺寸(直径×长度,毫米)	重量(克)
EF 35-105/4.5-5.6 USM	107°~63°	10/14	7	22	0.28	0.2	USM	77	EW-83E	83.5×103	600
EF 35-135mm 3.5-4.5	108° 10′ – 63°	12/16	9	22	0.28	0.2	USM	82	EW-88	88.5×111.6	635
EF 35-135/4.5-5.6 USM	104°~63°	10/15	7	22	0.42	0.11	USM	77	EW-83E	83.5×95.7	545
EF 200/3.5L USM	104°~57°	12/9	7	22	0.28	0.24	USM	77	EW-75	83.5×96.8	475
EF 20-35/2.8L	94°~63°	12/15	6	22	0.5	0.09	AFD	72	EW-83	89×79.2	540
EF 20-35/3.5-4.5 USM	94°~63°	12/11	5	22-27	0.34	0.13	USM	77	EW-83	83.5×68.9	340
EF 22-55/4-5.6 USM	90°~43°	9/9	5	22-32	0.35	0.2	USM	58	EW-83	59.4×66	175
EF 24-70/2.8L USM	84°~34°	16/13	8	22	0.38	0.29	USM	77	EW-83F	83.2×123.5	950
EF 24-105/4L IS USM	84°~19°	18/13	8	22	0.45	0.23	USM	77	EW-83H	83.5×107	670
EF 24-85/3.5-4.5 USM	84°-28°30′	12/15	6	22-32	0.5	0.16	USM	67	EW-73 II	73×69.5	380
EF 28-70/2.8L USM	75°~34°	11/16	8	22	0.5	0.18	USM	77	EW-83B	83.2×117.6	880
EF 28-70/3.5-4.5	75°~34°	10/9	8	22-29	0.5		AFD	52		×74.8	300
EF 28-70/3.5-4.5 II	75°~34°	10/9	8	22-29	0.5		AFD	52		×75.6	285
EF 28-80/2.8-4L USM	75°~30°	16/13	8	22	0.5	0.2	USM	72	EW-79	84×119.5	945
EF 28-80/3.5-5.6	75°~27°	10/10	5	22-38	0.38	0.26	MM	58	EW-68A	66.4×71.2	200
EF 28-80/3.5-5.6 USM	75°~30°	10/10	5	22-38	0.5	0.182	MI USM	58	EW-68A	72×77.5	330
EF 28-80/3.5-5.6 II USM	75°~30°	10/10	5	22-38	0.38	0.182	MI USM	58	EW-60C	63.5×65	200
EF 28-80/3.5-5.6 III USM	75°~30°	10/10	5	22-38	0.38	0.26	Mi USM	58	EW-60C	63.5×65	205
EF 28-80/3.5-5.6 IV USM	75°~30°	10/10	5	22-32	0.38	0.26	Mi USM	58	EW-60C	66.4×71.2	200
EF 28-90/4-5.6	75°~27°	10/8	5	22-32	0.38	0.3	MM/USM	58	EW-60C	67×71	190
EF 28-90/4-5.6 II USM	75°~27°	10/8	5	22-32	0.38	0.3	MM/USM	58	EW-60C	67×71	190
EF 28-105/3.5-4.5 USM	75°-23°30′	12/15	5	22-27	0.5	0.19	USM	58	EW-63	72×75	365
EF 28-105/3.5-4.5 II USM	75°-23°30′	12/15	5	22-27	0.5	0.19	USM	58	EW-63 II	72×75	375
EF 28-105/4-5.6 USM	75°-23°30′	10/9	6	22-27	0.48	0.19	MM/USM	58	EW-63B	67×68	210
EF 28-135/3.5-5.6 IS USM	75°~18°	11/16	6	22-36	0.5	0.19	USM	72	EW-78B	78.4×96.8	540
EF 28-200/3.5-5.6	75°~12°	12/16	6	22-36	0.45	0.28	MM/USM	72	EW-78D	78.4×89.6	500
EF 28-300/3.5-5.6L IS USM	75°-8°15′	22/16	8	38	0.7	0.7	USM	77	EW-83G	92×184	1670
EF 35-350/3.5-5.6L USM	63°-7°	21/15	8	22-32	0.6	0.25	USM	72	EW-78	85×167.4	1385
EF 35-70/3.5-4.5	63°~34°	9/8	5	22-29	0.5		AFD	52			245
EF 35-70/3.5-4.5A	63°~34°	9/8	5	22-29	0.39		AFD	52			230
EF 35-80/4-5.6	63°~30°	8/8	5	22-32	0.37	0.25	MM	52	EW-62	68.6×61	180
EF 35-80/4-5.6 II	63°~30°	8/8	5	22-32	0.37	0.25	MM	52			
EF 35-80/4-5.6 III	63°~30°	8/8	5	22-32	0.4	0.23	MM	52	EW-54II	65×63.5	175
EF 35-80/4-5.6 USM	63°~30°	8/8	5	22-32	0.38	0.25	Mi USM	52	EW-54	65×61	170
EF 35-80/4-5.6	63°~30°	7/7	6	22-32	0.5		AFD	52	EW-54		205
EF 35-105/3.5-4.5	63°-23°30′	11/14	5	22-29	1.2		AFD	58			400
EF 35-105/4.5-5.6	63°-23°30′	12/13	5	22-27	0.85	0.16	MM	58	EW-68B	70.6×63.3	280

镜头	视角	结构(片/组)	光圈叶片	最小光圈	最近对焦距离(米)	最大倍率	驱动马达	滤镜尺寸(毫米)	遮光罩	尺寸(直径×长度, 毫米)	重量(克)
EF 16-35/2.8L USM	107°~63°	10/14	7	22	0.28	0.2	USM	77	EW-83E	83.5×103	600
EF 16-35mm F2.8L II USM	108° 10′ — 63°	12/16	9	22	0.28	0.22	USM	82	EW-88	88.5×111.6	635
EF 17-35/2.8L USM	104°~63°	10/15	7	22	0.42	0.11	USM	77	EW-83E	83.5×95.7	545
EF 17-40/4L USM	104°~57°	12/9	7	22	0.28	0.24	USM	77	EW-83E	83.5×96.8	475
EF 20-35/2.8L	94° ~63°	12/15	6	22	0.5	0.09	AFD	72	EW-75	89×79.2	540
EF 20-35/3.5-4.5 USM	94° —63°	12/11	5	22~27	0.34	0.13	USM	77	EW-83	83.5×68.9	340
EF 22-55/4-5.6 USM	90° —43′	9/9	5	22~32	0.35	0.2	USM	58		59.4×66	175
EF 24-70/2.8L USM	84° ~34°	16/13	8	22	0.38	0.29	USM	77	EW-83F	83.2×123.5	950
EF 24-105/4L IS USM	84° ~19°	18/13	8	22	0.45	0.23	USM	77	EW-83H	83.5×107	670
EF 24-85/3.5-4.5 USM	84° -28° 30′	12/15	6	22~32	0.5	0.16	USM	67	EW-73 II	73×69.5	380
EF 28-70/2.8L USM	75° ~34°	11/16	8	22	0.5	0.18	USM	77	EW-83B	83.2×117.6	880
EF 28-70/3.5-4.5	75° -34°	10/9		22~29	0.5		AFD	52		x74.8	300
EF 28-70/3.5-4.5 II	75° -34°	10/9	8	22~29	0.5	0.2	AFD	52		x75.6	285
EF 28-80/2.8-4L USM	75° ~30°	16/13		22	0.5	0.26	USM	72	EW-79	84×119.5	945
EF 28-80/3.5-5.6	75° —27°	10/10	5	22~38	0.38	0.182	MM	58	EW-68A	66.4×71.2	200
EF 28-80/3.5-5.6 USM	75° -30°	10/10	5	22~38	0.5	0.182	Mi USM	58	EW-68A	72×77.5	330
EF 28-80/3.5-5.6 II USM	75° -30°	10/10	5	22~38	0.38	0.26	MI USM	58	EW-60C	63.5×65	200
EF 28-80/3.5-5.6 III USM	75° -30°	10/10	5	22~38	0.38	0.26	Mi USM	58	EW-60C	63.5×65	205
EF 28-80/3.5-5.6 IV USM	75° —30°	10/10	5	22~38	0.38	0.26	Mi USM	58	EW-60C	66.4×71.2	200
EF 28-90/4.5-5.6	75° —27°	10/8	5	22~32	0.38	0.3	MM/USM	58	EW-60C	67×71	190
EF 28-90/4.5-5.6 II	75° ~27°	10/8	5	22~32	0.38	0.3	MM/USM	58	EW-60C	67×71	190
EF 28-105/3.5-4.5 USM	75° -23° 30′	12/15	5	22~27	0.5	0.19	USM	58	EW-63	72×75	365
EF 28-105/3.5-4.5 II USM	75° -23° 30′	12/15	5	22~27	0.5	0.19	USM	58	EW-63 II	72×75	375
EF 28-105/4-5.6 USM	75° -23° 30′	10/9	6	22~27	0.48	0.19	MM/USM	58	EW-63B	67×68	210
EF 28-135/3.5-5.6 IS USM	75° -18°	11/16	6	22~36	0.5	0.19	USM	72	EW-78B	78.4×96.8	540
EF 28-200/3.5-5.6	75° -12°	12/16	6	22~36	0.45	0.28	MM	72	EW-78D	78.4×89.6	500
EF 28-300/3.5-5.6L IS USM	75° -8° 15′	22/16	8	22~32	0.7	0.7	Mi USM	77	EW-83G	92×184	1670
EF 35-350/3.5-5.6L USM	63° -7°	21/15	8	38	0.6	0.25	USM	72	EW-78	85×167.4	1385
EF 35-70/3.5-4.5	63° -34°	9/8	8	22~32	0.5		AFD	52			245
EF 35-70/3.5-4.5A	63° -34°	9/8		22~29	0.39	0.25	AFD	52			230
EF 35-80/4-5.6	63° -30°	8/8	5	22~32	0.37	0.25	MM	52	EW-62	68.6×61	180
EF 35-80/4-5.6 II	63° -30°	8/8	5	22~32	0.37	0.25	MM	52			
EF 35-80/4-5.6 III	63° -30°	8/8	5	22~32	0.4	0.23	MM	52	EW-54II	65×63.5	175
EF 35-80/4-5.6 USM	63° -30°	8/8	5	22~32	0.38	0.25	Mi USM	52	EW-54	65×61	170
EF 35-80/4-5.6 PZ	63° -30°	7/7		22~32	0.5		AFD	52	EW-54		205
EF 35-105/3.5-4.5	63° -23° 30′	11/14		22~29	1.2	0.16	AFD	58			400
EF 35-105/4.5-5.6	63° -23° 30′	12/13	5	22~27	0.85		MM	58	EW-69B	70.6×63.2	

镜头	相当于135画幅的焦距	视角(对角线)	结构(片/组)	光圈叶片	最小光圈	最近对焦距离(米)	最大倍率	滤镜尺寸(毫米)	尺寸(直径×长度,毫米)	重量(克)
EF-S 10-22/3.5-4.5 USM	16-35	107°30' – 63°30'	9/13	6	22-27	0.24	0.17	77	83.5×89.8	385
EF-S 17-55/2.8 IS USM	27-88	78°30' – 27°25'	12/19	6	22-32	0.35	0.17	77	83.8×110.6	645
EF-S 17-85/4-5.6 IS USM	27-136	78°30' – 18°25'	12/17	6	22-32	0.35	0.2	67	78.5×92	475
EF-S 18-55/3.5-5.6 IS	29-88	74°20' – 27°60'	11/9	6	22-38	0.25	0.34	58	68×70	200
EF-S 18-55/3.5-5.6 II	29-88	74°20' – 27°50'	11/9	6	22-38	0.28	0.28X	58	68.5 × 66.2	190
EF-S 18-55/3.5-5.6	29-88	74°20' – 27°50'	11/9	6	22-38	0.28	0.28X	58	68.5 × 66.2	190
EF-S18-200/3.5-5.6 IS	29-320	74° – 8°	16/12	4	22-36	0.45	0.24	72	78×102	595
EFS 55-250/4-5.6 IS	88-400	6°15' – 27°50'	12/10	7	22-32	1.1	0.31	58	70.0×108	390
EF-S 60/2.8 Macro USM	96	24°30'	12/8	8	32	0.2	01.01	52	73 × 69.8	335

镜头	视角	结构(片/组)	光圈叶片	最小光圈	对焦距离	最大倍率	驱动马达	滤镜尺寸	遮光罩	尺寸(直径×长度,毫米)	重量(克)
微距镜头											
EF 50/2.5 Macro	46°	9/8	6	32	0.23	0.5	AFD	52	–	67.6 × 63	280
原尺寸EF接环		4/3	–	–	0.24-0.42	1		–	–		160
MP-65/2.8 1-5X	18°40'	10/8	6	16	0.24	5		58	–	98×81	710
EF 100/2.8 Macro	24°	10/9	8	32	0.31	1	MM	52	–		650
EF 100/2.8 Macro USM	24°	12/8	8	32	0.31	1	USM	58	ET-67	79×119	600
EF 180/3.5L Macro USM	13°40'	12/14	8	32	0.48	1	USM	72	ET-78 II		1090
TS-E镜头											
TS-E 24/3.5L	84°(正常)	11/9	8	22	0.3	0.14	MF	72	EW-75B	78×86.7	570
TS-E 45/2.8	51°(正常)	10/9	8	22	0.4	0.158	MF	72	EW-79B	81×90.1	645
TS-E 90/2.8	27°(正常)	6/5	8	32	0.5	0.29	MF	58	ES-65II	73.6×88	565

EF镜头其他附件			
镜头	结构(片/组)	尺寸(直径×长度,毫米)	重量(克)
EF 1.4x 增距镜	5/4	67.6×27.3	200
EF 2x 增距镜	7/5	67.6×50.5	240
EF 1.4x II 增距镜	5/4	72.8×27.2	220
EF 2x II 增距镜	7/5	71.8×57.9	265
EF 12接圈		66.5×12.3	66
EF 25接圈		67.6×27.3	125

后记：

这本书能够出版，我依然要特别感谢以下摄影师为本书提供了精彩的图片和宝贵的使用经验：（按姓氏笔划排列）

王实先生

王建军先生

王瑶女士

刘展耘先生

毕远月先生

李少白先生

赵钢先生

闻晓阳先生

奚志农先生

傅兴先生

谢墨先生

翟东风先生

此外，于然先生参与了《佳能镜界》从策划到资料整理、编辑的工作，并撰写了部分内容；杨磊先生除为本书进行了严谨的校对之外也撰写了部分内容。

薛俊强先生再一次为我的书设计了封面。

对此我一并表示感谢。

《佳能镜界》是一个有特殊意义的出版尝试，它也是中国摄影出版社的萨社旗大姐和陈凯辉先生帮助我出版的第五本书，希望这本书也能被读者喜欢，令他们感到欣慰。

赵嘉 2009 年 5 月 18 日

图书在版编目（CIP）数据

佳能镜界／赵嘉著. —北京：中国摄影出版社，2009.5
ISBN 978-7-80236-343-4

Ⅰ.佳... Ⅱ.赵... Ⅲ.数字照相机：单镜头反光照相机－摄影镜头 Ⅳ.TB851

中国版本图书馆CIP数据核字（2009）第080087号

特邀编辑：于 然　　杨 磊　　朱 霖
责任编辑：陈凯辉
封面设计：艺 林　　赵 嘉

书　　名：佳能镜界
作　　者：赵 嘉
出　　版：中国摄影出版社
地　　址：北京东单红星胡同61号　邮政编码：100005
网　　址：www.cpgph.com
邮　　箱：sywsgs@cpgph.com
制作印刷：北京利丰雅高长城印刷有限公司
开　　本：889×1194mm　1/32
印　　张：8.5
版　　次：2009年6月第1版
印　　次：2009年6月第1次印刷
印　　数：1～10 000册
ISBN 978-7-80236-343-4
定　　价：68.00元

版权所有　侵权必究